はじめに

　本書は 09 年度に私が「大学への数学」に連載した雑誌記事「不等式の骨組み」に，最近の大学入試問題，面白い問題をいくつか加えてまとめたものです．
　この本を手に取っていただいた方のために，本書で扱った不等式についていくつか説明しておきましょう．

1. テーマは絶対不等式

　　文字通り，確かに不等式についての本ですが，誤解を避けるために言うと，二次不等式や指数・対数・三角関数に関する不等式，無理不等式など「不等式を解く」ことがテーマではなく，絶対不等式について扱った本です．

　　絶対不等式とは，いわば不等式の「恒等式」版です．恒等式は文字にどのような数を入れても成り立ちます．それと同様に，例えば「文字にどのような正の実数を入れても成り立つ」というような，ある条件下で必ず成り立つ不等式を「絶対不等式」といいます．

2. 絶対不等式は文字式の感覚を高めるアイデアの宝庫

　　このような絶対不等式には「相加・相乗平均の不等式」「コーシー・シュワルツの不等式」など多くの有名なものがあり，その証明方法，応用には大変本質的で，いわゆる「数学の美しさ」が含まれています．文字の対称性を利用したり，式の次数に着目したり，文字式のセンスを養うのに適した華麗な手筋が満載で，数学の楽しさを知るのに適した素材です．

　このような素材を通じて，読者の皆さんには，楽しみながら式変形や代数分野のアイデアを身につけてもらいたいと思います．
　ただ残念なことなのですが，最近 5 年ほどの傾向としては，大学入試で「絶対不等式を証明する問題」は減少する傾向にあります．ですから皆さんはこの不等式という分野を学ぶにあたって，むしろ，式変形の手筋や文字式の見方など代数学の発想に慣れ，数学力の骨組みをつくるという「数学の基盤づくり」を主眼とするとよいでしょう（最大，最小問題の答えのあたりをつけたりするときには実用的価値もかなりあります）．

本書の利用法

本書の1～12章は基本的な不等式の手筋や，有名な絶対不等式をテーマごとに扱い，13章は面白い問題をたくさん並べてあります．書物の利用法は各自の自由だとは思いますが，とりあえずどのような利用法があるか，目的別に書いておきましょう．

1. まだ時間の余裕があり不等式を通じてじっくりと数学のセンスを磨きたい高校生へ

まず本書の1～8章の各前半部分をざっと通読し，いくつかの有名不等式の導き方をマスターし，それら有名不等式を覚えるとよいと思います．不等式の導き方には，様々なコクのある考え方が使われています．また，並べかえの不等式のように，背後のイメージをつかむと，より一層の理解が深まるものもあります．

こうした導き方，背後のイメージ，応用のコツをつかめるところが，普通の参考書と違ってお話し調の解説をしてある書物の長所です．

その段階が終わったら，自力で問題を解きつつじっくりと読み進んでいってください．各章初めの方の問題は易し目で終わりの方の問題は難しいので，レベルに応じて挑戦する問題を選択してもよいかもしれません．

2. 受験生諸君に

受験まで1年以内であるときは，とても不等式にだけ時間をかけているようなゆとりはないと思います．そうした受験生諸君は，まず各章の大学名の付いた問題から入り，自力でどのくらい解けるかを確認してください（問題によっては誘導を抜いたために原題より難しくなっていますので解けずとも悲観するには及びません）．

その上で，有名不等式や有名手法で，自分の知識に欠けているものがないかをチェックしましょう．いわば本書を不等式分野の辞書的に使いながら，時間があれば面白い難し目の問題にも挑戦してください．

その他，人によりさまざまな使い方があると思います．各種の数学コンテストには絶対不等式が良く出題されますので，そうしたコンテストに出たい人はこの分野の基礎を固めるために使えるでしょう．

また，この分野には基本的な有名不等式さえマスターしてしまえば，面白く楽しめる問題が多いので，文字式に関するセンスを伸ばしたい人は，各章の後半や13章に出てくるそうした面白い問題をどんどんと解くのが最適と思います．

大学への数学

思考力を鍛える不等式

▶栗田 哲也 著◀

CONTENTS

はじめに………………………………………………	1
本書の利用法……………………………………………	2
§1　非負の和に直す式変形………………………	4
§2　数学的帰納法で不等式を解く………………	14
§3　関数の利用……………………………………	24
§4　Jensen の不等式……………………………	34
§5　相加平均・相乗平均の不等式………………	44
§6　コーシー・シュワルツの不等式……………	54
§7　並べかえの不等式……………………………	64
§8　不等式証明のテクニック……………………	74
§9　不等式の拡張（1）…………………………	84
§10　不等式の拡張（2）…………………………	94
§11　不等式のイメージと論理…………………	104
§12　立体と不等式………………………………	114
§13　解いて楽しい少し難しめの問題…………	124
あとがき…………………………………………	136

§1 非負の和に直す式変形

不等式についてやや難しいが面白い素材を中心に，手法の解説をしていきます．

絶対不等式の紹介，証明，考え方，手法の応用を中心にして，大学受験の標準的問題から難問にいたるまで，（時によってさらに高度な問題まで）を扱っていきます．

その過程でみなさんに，この分野のがっしりとした思考の骨組を伝えたいと思います．

第1回目の今回は，まず式変形の基本から．

1．非負の和はまた非負である

実数の平方は負にはなりません．そこで，まずは簡単な練習をしてみましょう．

問題1（あまり時間をかけずにざっと目を通すこと）

実数 a, b について，$(a-b)^2 \geqq 0$ です．これを変形すると，
$$a^2+b^2 \geqq 2ab \quad \cdots\cdots\cdots ①$$
という不等式ができます．

これに倣って，次の各場合に，自力でどのような不等式を作れるか，試してください．

（1） 実数 a, b, c についてなるべくきれいな不等式
（2） 正数 a, b, c についてなるべくきれいな不等式

【作問例】
（1） 真っ先に考えつきそうなものは次でしょう．
$(a-b)^2+(b-c)^2+(c-a)^2 \geqq 0$ （等号は $a=b=c$ のとき成立）
これは，式変形すると，
$$a^2+b^2+c^2 \geqq ab+bc+ca \quad \cdots\cdots\cdots ②$$

となります．ちなみにこれより，(2)の例も作れます．a, b, c が正なら，
$$(a+b+c)(a^2+b^2+c^2-ab-bc-ca) \geqq 0$$
 よって，これを展開・整理して，
$$a^3+b^3+c^3 \geqq 3abc \quad \cdots\cdots\cdots\cdots\cdots\cdots\cdots\cdots\cdots\cdots ③$$

(2) これも考えつきそうな例を示すと，
$$a(b-c)^2+b(c-a)^2+c(a-b)^2 \geqq 0$$
$$(a+b)(a-b)^2+(b+c)(b-c)^2+(c+a)(c-a)^2 \geqq 0$$
が挙げられます．それぞれ展開・整理すると，
$$ab(a+b)+bc(b+c)+ca(c+a) \geqq 6abc$$
$$2(a^3+b^3+c^3) \geqq ab(a+b)+bc(b+c)+ca(c+a)$$
となります．この2つの式をドッキングすると再び③が出てきますし，前者の両辺に $3abc$ を足してから因数分解すると，
$$(a+b+c)(ab+bc+ca) \geqq 9abc \quad \cdots\cdots\cdots\cdots\cdots\cdots\cdots ④$$

ちなみに，$a \sim c$ をすべて正の数とし，①で $a \Rightarrow \sqrt{a},\ b \Rightarrow \sqrt{b}$ としたり，③で $a \Rightarrow \sqrt[3]{a},\ b \Rightarrow \sqrt[3]{b},\ c \Rightarrow \sqrt[3]{c}$ とすると，

相加・相乗平均の不等式（初歩バージョン）

a, b, c を正の数とするとき，
$$\frac{a+b}{2} \geqq \sqrt{ab}, \quad \frac{a+b+c}{3} \geqq \sqrt[3]{abc}$$

が出てきます．

さて，さらに②からはとても大切な不等式が2つ出てきます．

問題2 （軽く解いてください）

実数 a, b, c について，$a+b+c=1$ が成り立っている．次の問いに答えよ．
(1) $(a+b+c)^2 \geqq 3(ab+bc+ca)$ ……⑤ を示せ．
(2) $3(a^2+b^2+c^2) \geqq (a+b+c)^2$ ……⑥ を示せ．
(3) $ab+bc+ca$ の取りうる最大値を求めよ．

---

§1 非負の和に直す式変形

【解説】

⑤,⑥はともに大切な不等式です．それは，

$a+b+c$ の値がわかっているときに，$ab+bc+ca$，$a^2+b^2+c^2$ の値を評価するのに使えるからです．

でも（1），（2）は，展開してみると，そのまま②に帰着してしまいますので，証明は省略します．

（3） ⑤より（$a+b+c=1$ を代入して）

$$ab+bc+ca \leq \frac{(a+b+c)^2}{3} = \frac{1}{3}$$

等号は $a=b=c=\frac{1}{3}$ のとき確かに成り立つので $\frac{1}{3}$ が答え．

ちなみに老婆心で言っておきますと，上記①～⑥はいつでも自力で導けるようにしておきましょう．

2．有名不等式の紹介

1．で相加・相乗平均の不等式（有名不等式の1つ）の文字数2,3の場合が出てきました．

これら有名不等式は，いずれ詳しく扱っていきますがスタートの今回は，別の有名不等式の紹介をしましょう．やはり，文字数が少ないバージョンでお見せします．

問題3

実数 a, b, c, x, y, z について，次の不等式を証明せよ．

（1） $(a^2+b^2)(x^2+y^2) \geq (ax+by)^2$ ……⑦

（2） $(a^2+b^2+c^2)(x^2+y^2+z^2) \geq (ax+by+cz)^2$ ……⑧

コーシー・シュワルツの不等式と呼ばれる有名不等式の2,3文字バージョンです．証明法はいろいろあるのですが，ここでは，

　　　『左辺－右辺』を非負の和に直す

という最も基本的な方針を貫きます．

【解説】

（1） 左辺－右辺 $= (a^2x^2+b^2y^2+a^2y^2+b^2x^2) - (a^2x^2+2abxy+b^2y^2)$
$= a^2y^2 - 2abxy + b^2x^2 = (ay-bx)^2 \geq 0$

6

（2） これはちょっと式変形が大変ですが，（1）の流れから考えると，$(ay-bx)^2$ のような平方がいくつか現れるのではないかと推測がつきます．

　　左辺－右辺
$= \{(a^2x^2+b^2y^2+c^2z^2)+a^2y^2+a^2z^2+b^2x^2+b^2z^2+c^2x^2+c^2y^2\}$
$\quad -\{(a^2x^2+b^2y^2+c^2z^2)+2abxy+2bcyz+2cazx\}$
$= (a^2y^2-2abxy+b^2x^2)+(b^2z^2-2bcyz+c^2y^2)+(c^2x^2-2cazx+a^2z^2)$
$= (ay-bx)^2+(bz-cy)^2+(cx-az)^2 \geqq 0$

これも基本方針は，「2乗の和≧0」の形にもちこむところだったわけですね．

ちなみに，『相加・相乗』や『コーシー・シュワルツ』のように，一般的な文字（文字には正数・実数などの条件がつくが）について成立する不等式を絶対不等式と呼んでいます．
　1つの注意をしておくと，これらの不等式では，等号が成立する場合がどのような場合であるかについて調べておくことが必要です．
　相加・相乗の場合には，導き方からして，$a=b$，また $a=b=c$ のとき等号は成立（それ以外は不成立）．
　コーシー・シュワルツの場合には，
　　$\dfrac{x}{a}=\dfrac{y}{b}=\dfrac{z}{c}$（ただし，分母がすべて0のときは $x\sim z$ は任意，それ以外で分母に0の項があるときはその項の分子を0とする）が，等号成立の条件です．

問題 4

実数 $a_1, a_2, a_3, b_1, b_2, b_3$ について，$a_1 \geqq a_2 \geqq a_3$，$b_1 \geqq b_2 \geqq b_3$ が成り立っているものとする．
　次の各問いに答えよ．
（1）　$a_1b_1+a_2b_2 \geqq a_1b_2+a_2b_1$ を示せ．
（2）　$\dfrac{a_1b_1+a_2b_2+a_3b_3}{3} \geqq \dfrac{a_1+a_2+a_3}{3} \cdot \dfrac{b_1+b_2+b_3}{3}$ ……⑨
　を示せ．

これも，ここでは 左辺－右辺 を非負の和に直します．

§1　非負の和に直す式変形　　7

【解説】

（１） 左辺－右辺$=a_1b_1+a_2b_2-a_1b_2-a_2b_1$
$=a_1(b_1-b_2)-a_2(b_1-b_2)=(a_1-a_2)(b_1-b_2)\geqq 0$

（２）（(１)のような形が出てくるのではと考えて）

$9\times$左辺$-9\times$右辺
$=3(a_1b_1+a_2b_2+a_3b_3)$
　　$-(a_1b_1+a_2b_2+a_3b_3+a_1b_2+a_1b_3+a_2b_1+a_2b_3+a_3b_1+a_3b_2)$
$=(a_1b_1+a_2b_2-a_1b_2-a_2b_1)$
　　$+(a_2b_2+a_3b_3-a_2b_3-a_3b_2)+(a_3b_3+a_1b_1-a_3b_1-a_1b_3)$
$=(a_1-a_2)(b_1-b_2)+(a_2-a_3)(b_2-b_3)+(a_3-a_1)(b_3-b_1)\geqq 0$

最後の項は，『負』×『負』≧0 となりますね（「負」は，正確には「非正」）．

⑨をチェビシェフの不等式と呼びます（3 文字バージョン）．これは，A グループ（$a_1\geqq a_2\geqq a_3$），B グループ（$b_1\geqq b_2\geqq b_3$）の各グループから 1 文字ずつとってつくる積の和を考えるとき，

　　（大小順にソートして作った積の平均）
　　　　　$\geqq$（A グループの平均）×（B グループの平均）

という意味をもった不等式です．

等号は，$a_1=a_2=a_3$ または $b_1=b_2=b_3$ のときに成り立ちます．

以上，絶対不等式の中でも特に有名な，『相加・相乗』『コーシー・シュワルツ』『チェビシェフ』の各不等式がいずれも「左辺－右辺が非負値の和で表される」ことによって導かれるという認識は，すごく大切です．

なぜなら，式変形の鬼であれば，これらの不等式を背景とした問題は，いずれも「左辺－右辺」の計算を実行すれば何とかなるハズだからです（実際には式変形が大変な場合も多いので，理屈通りにはいかないことも多い）．

3. 左辺－右辺 を「非負値の和」に直す入試問題

では，「左辺－右辺 を非負値の和に直す」というテーマの，入試問題を扱ってみましょう．

実は，『不等式の証明』がそのまま入試に出題されるのは，中堅大学と難関大の一部（京大・東工大・早大など）に限られていて，あとの学校は「証明そのもの」というより，「不等式を背景にもつ」問題を作ることが多いのです．

したがって，『骨組』を扱う本書の場合には，上記の大学名が多く登場することになるのですが…．

問題 5

$a+b+c=0$ を満たす実数 $a,\ b,\ c$ について
$$(|a|+|b|+|c|)^2 \geq 2(a^2+b^2+c^2)$$
が成り立つことを示せ．また，ここで等号が成り立つのはどんな場合か．

（94　京大，01　愛知大）

いろいろな解法があるので，ここでは原則にのっとった解法を 2 つ示しましょう．

【解法 1】

左辺－右辺≥ 0 を示せばよい．

与式 $\iff |a|^2+|b|^2+|c|^2+2|ab|+2|bc|+2|ca| \geq 2(a^2+b^2+c^2)$

$\iff 2|ab|+2|bc|+2|ca| \geq a^2+b^2+c^2$ ……………（■）

（ここで，1 文字消去の原則を考えて，$a=-b-c$ を代入して整理すると）

与式 $\iff 2|b^2+bc|+2|bc|+2|c^2+bc|-\{(b+c)^2+b^2+c^2\} \geq 0 \cdots$（☆）

ここで，三角不等式 $|A|+|B| \geq |A+B|$ において，
$A=b^2+bc,\ B=c^2+bc$ とおくと，
$$|b^2+bc|+|c^2+bc| \geq |b^2+c^2+2bc| = |(b+c)^2| = (b+c)^2$$

（等号は $AB \geq 0$，つまり $bc(b+c)^2 \geq 0$ ……① のとき）だから，

（☆）の左辺 $\geq 2(b+c)^2+2|bc|-(b+c)^2-b^2-c^2$
$= 2|bc|+2bc = 2\{|bc|+bc\} \geq 0$

（〰〰の等号は $bc \leq 0$ ……② のとき）

与式の等号は，①かつ②のときに成り立つ．$b+c=0$（$\iff a=0$）のとき，$bc \leq 0$ が成り立つから，等号は，$a=0$ または $bc=0$ のとき，つまり，$a \sim c$ のうち少なくとも 1 つが 0 のとき成り立つ．

　　　　　　　　　　＊　　　　＊　　　　＊

この解法は「条件式からの 1 文字消去」「左辺－右辺 を非負の和に直す」という 2 つの原則を使っているわけですが，最後の〰〰の部分に用いた，実数 x について，
$$|x|+x \geq 0$$
を用いると，次のように華麗な解き方もできます．これが 01 愛知大には，

§1　非負の和に直す式変形　　9

ヒントとして付いていました．

【解法2】

　（■）式への変形までは上記解法に同じ．ここから，
$$a^2+b^2+c^2=(a+b+c)^2-2(ab+bc+ca)=-2(ab+bc+ca)$$
となるので，

　（■）式 $\iff 2\{|ab|+ab\}+2\{|bc|+bc\}+2\{|ca|+ca\}\geqq 0$

を示せばよいが，一般に $|x|+x\geqq 0$ だから，各 $\{\ \}$ の中は非負となり，左辺 $\geqq 0$ は自明．//

　ヒントがなければなかなか思いつかない式変形かもしれませんね．

問題6

　実数 $\alpha,\ \beta,\ \gamma$ は，$0<\alpha,\beta,\gamma\leqq\pi$，$\alpha+\beta\geqq\gamma$，$\beta+\gamma\geqq\alpha$，$\gamma+\alpha\geqq\beta$，$\alpha+\beta+\gamma\leqq 2\pi$ をみたすものとする．このとき，次の不等式を証明せよ．
$$0\leqq\cos^2\alpha+\cos^2\beta+\cos^2\gamma-2\cos\alpha\cos\beta\cos\gamma\leqq 1$$
　　　　　　　　　　　　　　　　　　（91　京大　[大幅改]）

　三角比の式変形を練習するのに，手頃な素材といえるでしょう．まず，中辺 $\geqq 0$ を証明しようとして式を見ると，"$\cos^2\alpha-2\cos\alpha\cos\beta+\cos^2\beta$" を一瞬連想しませんか？　これなら "平方完成" できるのですが…．

　ここで，"右辺－中辺" を計算してみると…．

【解説】

　中辺 $=(\cos\alpha-\cos\beta\cos\gamma)^2-\cos^2\beta\cos^2\gamma+\cos^2\beta+\cos^2\gamma$

　ゆえに，

$1-$中辺 $=(1-\cos^2\beta-\cos^2\gamma+\cos^2\beta\cos^2\gamma)-(\cos\alpha-\cos\beta\cos\gamma)^2$

$=(1-\cos^2\beta)(1-\cos^2\gamma)-(\cos\alpha-\cos\beta\cos\gamma)^2$

$=\sin^2\beta\sin^2\gamma-(\cos\alpha-\cos\beta\cos\gamma)^2$

$=(\sin\beta\sin\gamma+\cos\alpha-\cos\beta\cos\gamma)$　　　[因数分解]
　　　　$\times(\sin\beta\sin\gamma-\cos\alpha+\cos\beta\cos\gamma)$

$=\{\cos\alpha-\cos(\beta+\gamma)\}\{\cos(\beta-\gamma)-\cos\alpha\}$　　[加法定理]

$=\left(-2\sin\dfrac{\alpha+\beta+\gamma}{2}\sin\dfrac{\alpha-\beta-\gamma}{2}\right)\left(-2\sin\dfrac{\alpha+\beta-\gamma}{2}\sin\dfrac{-\alpha+\beta-\gamma}{2}\right)$
　　　　　　　　　　　　　　　　　　　　　　　　[和積公式]

$=4\sin\dfrac{\alpha+\beta+\gamma}{2}\sin\dfrac{\alpha+\beta-\gamma}{2}\sin\dfrac{\beta+\gamma-\alpha}{2}\sin\dfrac{\gamma+\alpha-\beta}{2}$

与えられた α, β, γ についての不等式から，sin の"中身"4つがすべて $[0, \pi]$ に含まれるので，この，1−中辺 が 0 以上であることは明らかです。
また，途中式の
$$1-\text{中辺}=\sin^2\beta\sin^2\gamma-(\cos\alpha-\cos\beta\cos\gamma)^2$$
で，$\sin^2\beta\sin^2\gamma\leqq 1$. したがって，
$$1-\text{中辺}\leqq 1-(\text{ある数の平方})\leqq 1$$
ですから，中辺 $\geqq 0$ も導くことができます．

*　　　　*　　　　*

このように，"非負"の和を作るためには，部分的に平方完成をする手法が大切になります．実数の平方は決して負にはなりえないのですから．

4. Schur の不等式

では，初回のトリとして，結構有名（というのは受験レベルで有名という意味ではない）で華やかな不等式を1つ紹介することにしましょう．

Schur（人の名）氏にちなんで，Schur の不等式と呼ばれているものです．

では，この不等式の最もやさしい（一般的にいえば決してやさしくはない）特殊ケースを，問題風に仕立てましたので，解いてみてください（挑戦してください）．

問題 7

正の数 a, b, c について，次の不等式が成り立つことを示せ．
$$a^3+b^3+c^3+3abc\geqq ab(a+b)+bc(b+c)+ca(c+a)$$

こんなの式変形で一発だろう，と思って式変形を試みると泥沼にはまるかもしれません．

実は，式変形のみで「左辺−右辺」を非負値の和にするのは無理だと思います．

こういうケースでは，次の考え方を併用することになります．

§1　非負の和に直す式変形

---- **重要な手筋** ----

　証明すべき不等式（3文字 a, b, c についての）が，対称式［どの2文字を入れかえても全体として意味が変わらない式］であれば，
　　　　$a \geq b \geq c$
の場合のみを証明すれば，それで証明は事足りる．

　なぜなら，$a \geq b \geq c$ の場合と同様な証明が，
$b \geq a \geq c$, $b \geq c \geq a$ など，他の場合にもあてはまるからである．

　これを「対称性のある不等式の証明では，3文字の対称性をくずして，大小関係を設定するとよい」というように言うこともあります．

　では，実際にこの手筋を使ってみましょう．

【解説】

　証明すべき不等式は3文字 a, b, c について対称なので，$a \leq b \leq c$ の場合のみを考えて一般性を失わない．（単に「$a \leq b \leq c$ として一般性を失わない」としてもよい）．

　このとき，証明すべき式で「左辺－右辺」は，

左辺－右辺
$= (a^3 + abc - a^2b - a^2c) + (b^3 + c^3 - b^2c - bc^2) + (2abc - b^2a - c^2a)$
$= a(a^2 - ab - ac + bc) + (b^2 - c^2)(b - c) - a(b - c)^2$
$= a(c - a)(b - a) + (b + c - a)(b - c)^2$ ……………①

　ここで，$0 < a \leq b \leq c$ のとき
　$a > 0$, $c - a \geq 0$, $b - a \geq 0$, $b + c - a > 0$, $(b - c)^2 \geq 0$
により，①≥ 0

　等号は，①の第2項で $b = c$，第1項で $a = b$ または $a = c$ が必要だから，$a = b = c$ のときのみ成り立つ．

　　　　　　　　　＊　　　　＊　　　　＊

　大小関係を設定しても難しい式変形と思いますが，実はこれが次に挙げるSchurの不等式の特殊例なのです．

問題 8（Schur の不等式）

正の実数 a, b, c と, $p\,(\geqq 0)$ について, 次の不等式が成り立つことを証明せよ.
$$a^p(a-b)(a-c)+b^p(b-c)(b-a)+c^p(c-a)(c-b)\geqq 0$$

単純そうな外観をしていながら，意外に悩ましい不等式です．ポイントは第2項の $b-c$ を $(b-a)+(a-c)$ のようにして，他項との部分的な因数分解をしやすくするところです（式変形に時折用いられる手法!!）．

【解説】

$a\geqq b\geqq c$ として証明して，一般性を失わない．

このとき,

与式左辺
$=a^p(a-b)(a-c)+b^p\{(b-a)+(a-c)\}(b-a)+c^p(c-a)(c-b)$
$=(a^p-b^p)(a-b)(a-c)+b^p(a-b)^2+c^p(a-c)(b-c)$

ここで（ ）の中はすべて非負であるから,

与式左辺 $\geqq 0$

となり，題意は示された． //

この式で，$p=1$ とおいて展開, 整理すると問題7の式が出てきます．

§2 数学的帰納法で不等式を解く

　前回,「左辺－右辺を非負値の和に直す」のが不等式を証明する基本だという話をしました. 今回は,不等式を証明するもう1つの方法を紹介しようと思います.
　それは, 教科書では『数列』のコーナーの片隅に出てくる「数学的帰納法」と呼ばれる手法です.

1. 数学的帰納法と不等式

　まず, ざっと数学的帰納法の原理を説明します. 次のように理解するのが基本的でしょう.

1　一般の自然数 n について,「命題 P_n が成立する」ことを示す道具である.

2　証明方法は2段階である.
　I　まず, $n=1$ について命題 P_1 を示す.
　II　次に, $n=k$ (k は任意の自然数) について「命題 P_k が成立するならば, $n=k+1$ について命題 P_{k+1} も成立する」ことを示す.

(証明法についての説明)
　上記 I により P_1 は成立.
　P_1 が成立しているから, II により, P_2 も成立.
　P_2 の成立がいえるから, II により, P_3 も成立.
$$\vdots$$
　以下, $P_1 \to P_2 \to P_3 \to P_4 \to \cdots \to$ の順にどこまでもこの連鎖が続くので, 一般の n についても命題 P_n が成立することになります.

　　　　　　　　＊　　　　　＊　　　　　＊

　こうしてみると, 不等式の証明についても, 数学的帰納法を用いるのは, 自然数 n についての不等式を示す場合だということがわかりますね.

14

> **問題 1**
>
> $a_n = \sqrt{1\cdot 2} + \sqrt{2\cdot 3} + \cdots + \sqrt{n(n+1)}$ とおくとき,
> $$\frac{n(n+1)}{2} < a_n < \frac{(n+1)^2}{2} \quad \cdots\cdots\cdots\cdots\cdots\text{(命題 } P_n)$$
> が成り立つことを証明せよ.

帰納法によらずともできますが，ここでは帰納法を用いる基本例題としての位置づけです．

【解説】

Ⅰ　$n=1$ のとき命題 P_1 は $1 < \sqrt{1\cdot 2} < 2$ となり，明らかに成立している．

Ⅱ　$n=k$ のとき命題 P_k の成立を仮定する．即ち，
$$\frac{k(k+1)}{2} < a_k < \frac{(k+1)^2}{2} \quad \cdots\cdots\cdots\cdots\cdots\text{①}$$
を仮定する．
$$k+1 < \sqrt{(k+1)(k+2)} < k+\frac{3}{2} \quad \cdots\cdots\cdots\cdots\cdots\text{②}$$
であるから（各辺を平方して比較すれば容易）①，②を辺々加えると，
$$\frac{(k+1)(k+2)}{2} < a_k + \sqrt{(k+1)(k+2)} = a_{k+1} < \frac{(k+2)^2}{2}$$
となり，命題 P_{k+1} も成立．

よって，数学的帰納法により，すべての n について命題 P_n が成立する．∥

数学的帰納法による不等式の証明は，大ざっぱにいえば，ほぼこれと同じ手順を踏むことが多いものです．

2．入試レベルの問題

では，大学入試では，どのような問題が出題されるのでしょうか．たとえば，次のタイプは昔から頻出です．

> **問題 2**
>
> n 個の実数 $a_1, a_2, \cdots, a_n$ が，$0 < a_i \leq 1$ $(i=1, 2, \cdots, n)$ をみたす．このとき，任意の 2 以上の整数 n に対し，不等式
> 　（A）　$a_1 + a_2 + \cdots + a_n \leq a_1 \cdot a_2 \cdot \cdots \cdot a_n + (n-1)$

を数学的帰納法により証明せよ．また，等号が成立する場合も吟味せよ．

(00 早大・政経)

昔から中堅校では「$0<a,b,c\leq1$ のとき
（1） $a+b\leq ab+1$
（2） $a+b+c\leq abc+2$
を証明せよ」という問題がよく出ていました．本問はそれをバージョンアップして一般化したものです．等号成立の場合の吟味が難しいでしょう．まず $n=2$ から $n=3$ の場合を示すなどして様子をつかんでおきましょう．すると等号は $a_1 \sim a_n$ のうち $(n-1)$ 個以上が1と予想できるはず．逆に1でないものが2個以上あると等号は不成立です．以下ではこれに着目します．

【解説】

Ⅰ $n=2$ の場合を考える． $(1-a_1)(1-a_2)\geq 0 \iff a_1+a_2\leq a_1a_2+1$
だから，不等式(A)は成立．

Ⅱ $n=k$ の場合の成立を仮定する．即ち，
$$a_1+a_2+\cdots+a_k\leq a_1\cdot a_2\cdots\cdots a_k+(k-1) \quad\cdots\cdots\text{①}$$
$I=a_1\cdot a_2\cdots\cdots a_k$ とおくと各 $a_i\leq 1$ より $I\leq 1$ で，
$$(1-a_{k+1})(1-I)\geq 0 \iff a_{k+1}+I\leq a_{k+1}\cdot I+1 \quad\cdots\cdots\text{②}$$
①，②より，
$$a_1+a_2+\cdots+a_{k+1}\leq I+a_{k+1}+(k-1) \quad (\because \text{①})$$
$$\leq a_{k+1}\cdot I+1+(k-1) \quad (\because \text{②})$$
$$=a_1\cdot a_2\cdots\cdots a_{k+1}+k$$
よって，$n=k+1$ のときも不等式(A)は成立し，数学的帰納法により，不等式(A)は一般の n について示された．

次に等号成立の条件を吟味する．$a_1 \sim a_n$ のうち1でないものが2個以上あると仮定すると，等号が不成立であることを以下に示そう．

式の対称性から，$a_1 \sim a_n$ のうち1でない2つを a_1, a_2 として示せばよい．
$(1-a_1)(1-a_2)>0$ より，$a_1+a_2<a_1a_2+1$ ［等号は不成立！］ $\cdots$③
また，先に証明した不等式の結果を用いれば，
$$a_3+a_4+\cdots+a_n\leq a_3\cdot a_4\cdots\cdots a_n+(n-3) \quad\cdots\cdots\text{④}$$
③，④を辺々足すと，
$$a_1+a_2+\cdots+a_n<\underline{a_1a_2+a_3\cdot a_4\cdots\cdots a_n}+(n-2) \quad\cdots\cdots\text{⑤}$$
ここで，$a_1a_2<1$，$a_3\cdot a_4\cdots\cdots a_n\leq 1$ よりさらに，

——部 $\leq a_1 \cdot a_2 \cdot \cdots \cdot a_n + 1$ ・・⑥

⑤,⑥より, $a_1+a_2+\cdots+a_n < a_1\cdot a_2\cdot\cdots\cdot a_n+(n-1)$
となって等号は成り立たない．

以上より，$a_1 \sim a_n$ のうち $(n-1)$ 個以上が1である必要があるが，逆にこのとき等号が成立するのは明らか．

よって，等号成立の条件は，「**$a_1 \sim a_n$ のうち $(n-1)$ 個以上が1のとき**」である． //

*　　　　　*　　　　　*

似たタイプが次のものですが，こちらは実にすんなりといきます．

問題3

数列 $\{a_n\}$ において，各項 a_n が $a_n \geq 0$ をみたし，かつ，$\sum_{n=1}^{\infty} a_n = \dfrac{1}{2}$ が成り立つとする．さらに各 n に対し，
$$b_n=(1-a_1)(1-a_2)\cdots(1-a_n),\ c_n=1-(a_1+a_2+\cdots+a_n)$$
とおく．
(1) すべての n に対して不等式 $b_n \geq c_n$ が成り立つことを，数学的帰納法で示せ．
(2)(3)（省略）

(01 大阪大（前期））

これはやさしいので，必ず自力で解いて下さい．

【解説】

Ⅰ　$n=1$ のとき，$b_1=1-a_1=c_1$ だから成立．

Ⅱ　$n=k$ のときの成立を仮定する．即ち，
$$(1-a_1)(1-a_2)\cdots(1-a_k) \geq 1-(a_1+a_2+\cdots+a_k) \ \cdots\cdots ①$$

$a_n \geq 0$, $\sum_{n=1}^{\infty} a_n = \dfrac{1}{2}$ より各 $a_n \leq \dfrac{1}{2}$ だから $(1-a_{k+1})>0$ を①の両辺にかけると，

$(1-a_1)(1-a_2)\cdots(1-a_{k+1})$
$\geq \{1-(a_1+a_2+\cdots+a_k)\}(1-a_{k+1})$
$= 1-(a_1+a_2+\cdots+a_k)-a_{k+1}+a_{k+1}(a_1+a_2+\cdots+a_k)$
$\geq 1-(a_1+a_2+\cdots+a_{k+1})$

つまり，$b_{k+1} \geq c_{k+1}$ となるので，数学的帰納法により，題意は示された． //

§2　数学的帰納法で不等式を解く

では，入試問題ではありませんが，仮に大学入試に出されても標準的レベルと思われる問題に挑戦してみましょう．

問題 4

次の各問いに答えよ．
（1） $x_1 \geq x_2 \geq x_3 > 0$ のとき，次の不等式を示せ．
$$\frac{x_1}{x_2}+\frac{x_2}{x_3}+\frac{x_3}{x_1} \leq \frac{x_2}{x_1}+\frac{x_3}{x_2}+\frac{x_1}{x_3} \quad \cdots\cdots① $$
（2） $x_1 \geq x_2 \geq \cdots \geq x_n > 0$ （$n \geq 3$）のとき，次の不等式を示せ．
$$\frac{x_1}{x_2}+\frac{x_2}{x_3}+\cdots+\frac{x_n}{x_1} \leq \frac{x_2}{x_1}+\frac{x_3}{x_2}+\cdots+\frac{x_1}{x_n} \quad \cdots\cdots② $$

（2）は当然，帰納法ですね!!

【解説】

（1） 分母をはらって整理すると，
$$① \iff x_3 x_1^2 + x_1 x_2^2 + x_2 x_3^2 \leq x_3^2 x_1 + x_1^2 x_2 + x_2^2 x_3$$
$$\iff x_1^2(x_3-x_2) + x_1(x_2^2-x_3^2) + (x_2 x_3^2 - x_2^2 x_3) \leq 0$$
$$\iff (x_2-x_3)\{-x_1^2 + x_1(x_2+x_3) - x_2 x_3\} \leq 0$$
$$\iff (x_2-x_3)(x_2-x_1)(x_1-x_3) \leq 0 \quad \cdots\cdots③$$

与えられた大小関係より③が成立するので，①も成立．

（2） $n=3$ のとき（1）により与式は成立．次に $n=k$ のときの成立を仮定する．即ち，
$$\frac{x_1}{x_2}+\frac{x_2}{x_3}+\cdots+\frac{x_k}{x_1} \leq \frac{x_2}{x_1}+\frac{x_3}{x_2}+\cdots+\frac{x_1}{x_k} \quad \cdots\cdots④ $$

いま，$x_1 \geq x_k \geq x_{k+1} > 0$ について，①にあたる式
$$\frac{x_1}{x_k}+\frac{x_k}{x_{k+1}}+\frac{x_{k+1}}{x_1} \leq \frac{x_k}{x_1}+\frac{x_{k+1}}{x_k}+\frac{x_1}{x_{k+1}} \quad \cdots\cdots⑤ $$
が成立する．

④，⑤を辺々足すと，
$$\frac{x_1}{x_2}+\frac{x_2}{x_3}+\cdots+\frac{x_k}{x_{k+1}}+\frac{x_{k+1}}{x_1} \leq \frac{x_2}{x_1}+\frac{x_3}{x_2}+\cdots+\frac{x_{k+1}}{x_k}+\frac{x_1}{x_{k+1}} \quad \cdots\cdots⑥ $$
となるので，②は，$n=k+1$ のときも成立する．

以上より，数学的帰納法を用いて，②は 3 以上のすべての自然数 n につ

いて成り立つ．

＊　　　＊　　　＊

さて，⑤が天降り的に見えるかもしれませんが，これは，④式 ⇒ ⑥式に移行する際に，

左辺の $\dfrac{x_k}{x_1}$ をなくし，$\dfrac{x_k}{x_{k+1}}$ と $\dfrac{x_{k+1}}{x_1}$ をつけ加えたい

右辺の $\dfrac{x_1}{x_k}$ をなくし，$\dfrac{x_{k+1}}{x_k}$ と $\dfrac{x_1}{x_{k+1}}$ をつけ加えたい

即ち，$-\dfrac{x_k}{x_1}+\dfrac{x_k}{x_{k+1}}+\dfrac{x_{k+1}}{x_1} \leqq -\dfrac{x_1}{x_k}+\dfrac{x_{k+1}}{x_k}+\dfrac{x_1}{x_{k+1}}$

が成り立たないかなあ……　と考えれば，当然出てくる不等式です．

⑤の発見はこうして行うのですが，答案にはそれを天降り的に（発見の過程は省略して）導くわけです．

3．相加・相乗平均の大小関係の証明法

入試問題に出てくる「不等式の数学的帰納法による証明法」のもう1つのタイプは，『相加平均≧相乗平均』という有名不等式の証明です．尤も，

　　①この絶対不等式はあまりにも有名．
　　②あまりに多くの証明法がある．
　　③意外と難しい証明法も多い．

という3つの理由から，難関大学で直接出題されることはほとんどなく，中堅私立大学で，"枝問をたっぷりつけた誘導問題として"出題されることが多いようです．

しかし，本書のように不等式の「骨組」を作ることが目的の場合には，このテーマは回避できません．

ここでは，代表的な（数学的帰納法による）解法を，3つ示しましょう．

問題5

正の数 $a_1, a_2, a_3, \cdots$ について，$a_1 \leqq a_2 \leqq a_3 \leqq \cdots$ が成り立つものとする．また n を自然数として，

$$\dfrac{\sum_{i=1}^{n} a_i}{n}=A_n, \quad (a_1 a_2 \cdots a_n)^{\frac{1}{n}}=B_n \text{ とおく．}$$

（1）0以上の数 x について，$(1+x)^n \geqq 1+nx$ を示せ．

（2） $A_1=B_1$, $A_2≧B_2$ を示せ．

（3） $\left(1+\dfrac{A_{n+1}-A_n}{A_n}\right)^{n+1}$ を考えることによって，

「$A_n≧B_n$ ならば $A_{n+1}≧B_{n+1}$」

を示せ． （趣旨は 04 立正大と同じ）

とりあえず，解いてみましょう．誘導にのるだけです．

【解説】

（1） 2項展開をすれば，

$(1+x)^n = 1+nx+$ （係数がすべて正の x の多項式）

∴ $(1+x)^n ≧ 1+nx$

（2） $A_1=a_1=B_1$, $A_2-B_2=\dfrac{a_1+a_2}{2}-\sqrt{a_1a_2}=\dfrac{(\sqrt{a_1}-\sqrt{a_2})^2}{2}≧0$

より成立．

（3） $na_{n+1}≧a_1+a_2+\cdots+a_n=nA_n$ だから，

$a_{n+1}≧A_n$

∴ $A_{n+1}=\dfrac{nA_n+a_{n+1}}{n+1}≧\dfrac{nA_n+A_n}{n+1}=A_n$

よって，$A_{n+1}-A_n$ は 0 以上の数である．そこで，与えられた式に（1）の結果を適用すれば，

$$\left(\dfrac{A_{n+1}}{A_n}\right)^{n+1}=\left(1+\dfrac{A_{n+1}-A_n}{A_n}\right)^{n+1}≧1+\dfrac{(n+1)(A_{n+1}-A_n)}{A_n}$$

両辺に $A_n^{n+1}(>0)$ をかけ

$A_{n+1}^{n+1}≧A_n^n\{(n+1)A_{n+1}-nA_n\}=A_n^n a_{n+1}$

この右辺に，$A_n^n≧B_n^n(=a_1a_2\cdots a_n)$ を用いて，

$A_{n+1}^{n+1}≧A_n^n a_{n+1}≧B_n^n a_{n+1}=a_1a_2\cdots a_n a_{n+1}=B_{n+1}^{n+1}$

ゆえに，$A_{n+1}≧B_{n+1}$

＊　　　　＊　　　　＊

一般に，正の数 $a_1 \sim a_n$ について，

$\dfrac{a_1+a_2+\cdots+a_n}{n}$ を $a_1 \sim a_n$ の相加平均,

$(a_1a_2\cdots a_n)^{\frac{1}{n}}$ を $a_1 \sim a_n$ の相乗平均と呼びます．

相加平均≧相乗平均，即ち，
$$\frac{a_1+a_2+\cdots+a_n}{n} \geq (a_1 a_2 \cdots a_n)^{\frac{1}{n}}$$
を示すのが，課題となるわけですが，式をよく見ると，これは，$a_1 \sim a_n$ について対称な式ですから（どの2文字を交換しても式の意味は全体として変わらない），大小関係を設定して，$0 < a_1 \leq a_2 \leq \cdots \leq a_n$ としても一般性を失わないことがわかるでしょう．

すると，（2），（3）の結果をふまえれば問題5はまさに「相加平均≧相乗平均」の証明になっているわけです（数学的帰納法の2つの段階が（2），（3）だったわけ）．

ちなみに等号成立の条件を問題5に即して考えると，
① $n \geq 2$ のとき，$(1+x)^n = 1+nx$ となるのは $x=0$ のときに限るので，（3）の式変形を考えれば，$A_n = A_{n-1} = \cdots = A_2$ が必要．
② （2）で $a_1 = a_2$ が必要．
あわせて，$a_1 = a_2 = \cdots\cdots = a_n$ が必要で，逆にこのとき確かに等号は成立します．

では，今度は別タイプの証明です．

問題6

次の各問いに答えよ．
（1） n を自然数，x, y を任意の正数とするとき，
$$x^n \geq nxy^{n-1} - (n-1)y^n \quad \cdots\cdots\cdots\cdots ☆$$
を示せ．
（2） 任意の正数 $a_1, a_2, a_3, \cdots, a_n$ に対して，
$$a_n \geq n \cdot (a_1 a_2 \cdots a_n)^{\frac{1}{n}} - (n-1)(a_1 a_2 \cdots a_{n-1})^{\frac{1}{n-1}}$$
であることを，（1）を利用して示せ．
（3） $n\left(\dfrac{a_1+a_2+\cdots+a_n}{n} - (a_1 a_2 \cdots a_n)^{\frac{1}{n}}\right)$
$\geq (n-1)\left(\dfrac{a_1+a_2+\cdots+a_{n-1}}{n-1} - (a_1 a_2 \cdots a_{n-1})^{\frac{1}{n-1}}\right)$ を示せ．

これも，その後数学的帰納法を用いると，例の相加・相乗平均の不等式が

導けます。

【解説】

（1） ☆ $\iff x^n - y^n \geq ny^{n-1}(x-y)$
$\iff (x-y)\{(x^{n-1} + x^{n-2}y + \cdots + xy^{n-2} + y^{n-1}) - ny^{n-1}\} \geq 0$
$\iff (x-y)\{(x^{n-1} - y^{n-1}) + y(x^{n-2} - y^{n-2}) + \cdots + y^{n-2}(x-y)\} \geq 0$

$x \geq y$ のときは $(x-y)$ も $\{\ \}$ の中も非負，$x < y$ のときは $(x-y)$ も $\{\ \}$ の中も負だから，いずれの場合も，この不等式は成立する．

（2） ☆で，$x = a_n^{\frac{1}{n}}$，$y = (a_1 a_2 \cdots a_{n-1})^{\frac{1}{n(n-1)}}$ とおけば，そのまま得られる．

（3） （2）で示した式の両辺に，$(a_1 + a_2 + \cdots + a_{n-1})$ を加え，右辺の第1項を左辺に移項すれば，

$(a_1 + a_2 + \cdots + a_n) - n(a_1 a_2 \cdots a_n)^{\frac{1}{n}}$
$\geq (a_1 + a_2 + \cdots + a_{n-1}) - (n-1)(a_1 a_2 \cdots a_{n-1})^{\frac{1}{n-1}}$

これは明らかに，証明すべき式と同値である．

* * *

（3）の結果をよく眺めれば，「$\dfrac{a_1 + a_2 + \cdots + a_{n-1}}{n-1} - (a_1 a_2 \cdots a_{n-1})^{\frac{1}{n-1}}$ が非負」ならば，「$\dfrac{a_1 + a_2 + \cdots + a_n}{n} - (a_1 a_2 \cdots a_n)^{\frac{1}{n}}$ も非負」であることを示しています．そこで，$n=3$ の場合を示すことで，数学的帰納法により，一般の n について『相加平均 $\geq$ 相乗平均』が示せることになります．

でも，何といっても相加・相乗平均の証明で最も有名なのは，一見風変わりな次の方法でしょう．

問題7

正の数 $a_1, a_2, \cdots, a_n$ に対し，$S_n = \dfrac{1}{n}\sum_{i=1}^{n} a_i$，$T_n = \sqrt[n]{a_1 a_2 \cdots a_n}$ と定める．

（1） $S_2 \geq T_2$ を示せ．
（2） $n = 2^k$ （k は自然数）のとき，$S_n \geq T_n$ が成立すれば，$n = 2^{k+1}$ のときも成立することを示せ．

（3）　$S_{n+1} \geq T_{n+1}$（$n \geq 1$）が成立するならば，$S_n \geq T_n$ が成立することを示せ．
（03　芝浦工大・工）

　有名すぎる方法です．
【解説】
（1）（問題5-（2）と同様なので省略）
（2）$S_n = \dfrac{a_1 + a_2 + \cdots + a_{2^k}}{2^k} \geq \sqrt[2^k]{a_1 a_2 \cdots a_{2^k}} = T_n$

$\quad S_n' = \dfrac{a_{2^k+1} + a_{2^k+2} + \cdots + a_{2^{k+1}}}{2^k} \geq \sqrt[2^k]{a_{2^k+1} a_{2^k+2} \cdots a_{2^{k+1}}} = T_n'$

とおけば，$\dfrac{S_n + S_n'}{2} \geq \sqrt{S_n S_n'} \geq \sqrt{T_n T_n'}$

これは，$n = 2^{k+1}$ のとき，$S_n \geq T_n$ の式である．

（3）$\dfrac{a_1 + a_2 + \cdots + a_{n+1}}{n+1} \geq \sqrt[n+1]{a_1 a_2 \cdots a_{n+1}}$ を変形して，

$\quad nS_n + a_{n+1} \geq (n+1)\sqrt[n+1]{T_n^n a_{n+1}}$

ここで（a_{n+1} は任意の正の数なので）$a_{n+1} = S_n$ として，

$\quad (n+1)S_n \geq (n+1)\sqrt[n+1]{T_n^n S_n} \quad \therefore\ S_n \geq \sqrt[n+1]{T_n^n S_n}$

両辺を $(n+1)$ 乗して，$S_n^{n+1} \geq T_n^n S_n$ より $S_n^n \geq T_n^n$

よって，$S_n \geq T_n$

$\qquad\qquad\qquad *\qquad\quad *\qquad\quad *$

　これにより，$S_n \geq T_n$ はまず $n = 2$ の場合が保証され，ついで，2，4，8，…というように $n = 2^k$ の場合がすべて保証されて，さらに（3）により，2^k より小さい数の場合の成立がすべて保証されるという順序で，成立が保証されていきます．

　それにしても何と奇妙な帰納法でしょう！

　普通のものが，$n = 1 \to 2 \to 3 \to 4 \to \cdots$ と順に示していくのに，この変形帰納法は

$\quad n = 2 \to\quad 2^2 = 4 \quad\to\quad 2^3 = 8 \to \cdots$
$\qquad\qquad\quad 3 \leftarrow 5 \leftarrow 6 \leftarrow 7$

の順に示していくのです．

§2　数学的帰納法で不等式を解く　　23

§3 関数の利用

不等式証明法の第3弾は,『関数の利用』です.

しかし,一口に『関数の利用』といっても,様々な方式があり,一つのテーマではくくれません.

そこで今回は特に,
① 増加と減少の利用
② 勾配の利用　　　　　　　一括して扱います.
③ 一次,二次関数における区間の端の利用

という,3つの項目を扱うことにします.

1. 関数の性質（増加関数）

まず,問題をやってもらいましょう.次の問題は $f(x)$ という形で記述されているので,一見いかつく見えますが,実は頻出の素材で,2008年にも同趣旨の問題が学習院大で出題されています.

問題1

$f(x) = \dfrac{x}{1+x}$ のとき,次の不等式を証明せよ.

（1） $0 \leqq x \leqq y$ のとき,$f(x) \leqq f(y)$

（2） $0 \leqq x,\ 0 \leqq y$ のとき,$f(x+y) \leqq f(x) + f(y)$

問題を解くだけなら,右辺－左辺 を式変形して,非負値の和にしたいところですが,ここでは,関数の利用法を考えてみましょう.

【解説】

（1） $f'(x) = \dfrac{(x)'(1+x) - x(1+x)'}{(1+x)^2} = \dfrac{1}{(1+x)^2} > 0$

よって,$f(x)$ は増加関数なので,$f(x) \leqq f(y)$

（2） $x+y \leqq x+y+xy$ だから,（1）より,

$$f(x+y) \leqq f(x+y+xy) = \frac{x+y+xy}{1+x+y+xy} = \frac{x+y+xy}{(1+x)(1+y)}$$
$$\leqq \frac{(x+xy)+(y+xy)}{(1+x)(1+y)} = \frac{x}{1+x} + \frac{y}{1+y} = f(x)+f(y)$$

＊　　　　＊　　　　＊

（1）の方は，『増加関数の証明 ⇨ 微分法の利用』という思考回路ですっきりしますが，（2）の方は，いったん $f(x)$ をはなれて分数式の計算をしますので，いま一つすっきりしません．そこで，問題1（2）を次のように改作してみます．

問題2

与えられた関数 $f(x)$ について，$\dfrac{f(x)}{x}$ が $x>0$ で減少する関数なら，$x, y \geqq 0$ に対して，
$$f(x+y) \leqq f(x)+f(y) \quad \cdots\cdots\cdots\cdots\cdots\cdots\cdots\cdots \text{☆}$$
であることを示せ．

抽象性の高い問題ですが，抽象性こそ君たち受験生の突破せねばならぬ壁でしょう．この壁さえ突破すれば，この不等式は実に美しい形をしています．

【解説】

x, y のうち少なくとも一方が 0 のとき，☆式の成立は自明．そこで，$x, y \neq 0$ としてよく，このとき，

$$\text{☆} \iff \frac{(x+y)f(x+y)}{x+y} \leqq \frac{xf(x)}{x} + \frac{yf(y)}{y}$$
$$\iff x \cdot \left(\frac{f(x+y)}{x+y} - \frac{f(x)}{x} \right) + y \cdot \left(\frac{f(x+y)}{x+y} - \frac{f(y)}{y} \right) \leqq 0$$

ここで，与えられた条件より（　）の中は 0 以下だから，題意は示された．//

＊　　　　＊　　　　＊

問題1の場合，$\dfrac{f(x)}{x} = \dfrac{1}{1+x}$ が $x>0$ で減少することはすぐにわかりますから，たちどころに（2）がでます．

ところで，「$\dfrac{f(x)}{x}$ が減少」のとき，「$\left(\dfrac{f(x)}{x} \right)' \leqq 0$」（ただし微分可能を前提とする）ですから，この条件をもっとつきつめて考えると，

§3 関数の利用　　25

$$\left(\frac{f(x)}{x}\right)' = \frac{f'(x)x - f(x)}{x^2} \leq 0$$

よって，$x>0$ では，$\dfrac{f(x)}{x} \geq f'(x)$ という不等式に行きつきます．

ここで式の意味を（図形的意味を）考えてみましょう．

すると，$\dfrac{f(x)}{x}$ とは，原点 O と $f(x)$ 上の点 A$(x, f(x))$ を結んだ直線の傾きです．

そこで，$\dfrac{f(x)}{x}$ が減少関数であるとは，$f(x)$ のグラフを左から右に眺めていくとき，原点 O と結んだ直線の傾きが単調に減少していく，ということです．

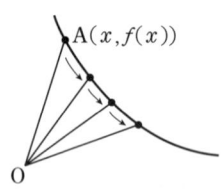

また $f'(x)$ は点 A$(x, f(x))$ における接線の傾きを表します．この両者の大小関係がポイントとなる問題は，時折見掛けます．

問題3

関数 $y=f(x)$ は微分可能，また $x>0$ のとき $f(x)>0$ であって，そのグラフは原点 O を通る．

さらに，グラフ上の $x>0$ である点 $(x, f(x))$ における接線は，つねに y 軸の負の部分と交わるという．

このとき，任意の正数 t に対し，$\displaystyle\int_0^t f(x)dx < \dfrac{1}{2}tf(t)$ が成り立つことを示せ．

大まかに図を描くと，（OA の傾き）<（A での接線の傾き）がわかります．そこで，

$\dfrac{f(x)}{x} < f'(x)$ つまり $\left(\dfrac{f(x)}{x}\right)' > 0$ が成り立つので，

$\dfrac{f(x)}{x}$ は増加関数です．これをうまくつかいましょう．

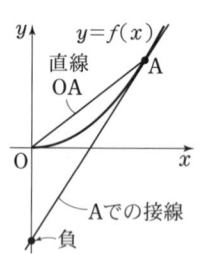

【解説】

$\dfrac{f(x)}{x}$ は（前文より）$0<x \leq t$ で増加するので，

$$\frac{f(x)}{x} \leqq \frac{f(t)}{t} \quad \therefore \quad f(x) \leqq \frac{f(t)}{t}x \quad \cdots\cdots\cdots\cdots\cdots ①$$

①の両辺を 0 から t まで積分すれば，

$$\int_0^t f(x)\,dx < \int_0^t \frac{f(t)}{t}x\,dx = \frac{tf(t)}{2}$$

*　　　　　*　　　　　*

　以上，関数の増減や，「接線の傾きと OA の傾きの比較」をテーマとした問題を眺めてきたわけですが，傾き（勾配）を扱った不等式には，もう1つ，重要なトピックスがあります．

2．下に凸な関数と傾き

　1990年，京大は上記のテーマそのものを扱った大胆な出題をしました．

問題 4

$f(x)$ はすべての実数 x で定義された関数で，$f''(x)>0$ をみたすとする．実数 a を1つ固定して，新しい関数 $g(x)$ を，

$$g(x) = \begin{cases} \dfrac{f(x)-f(a)}{x-a} & x \neq a \\ f'(a) & x = a \end{cases}$$

と定義するとき，$g(x)$ は増加関数であることを示せ．

【解説】

　$x \neq a$ のとき，$g'(x)$ は次の $h(x)$ と同符号です．

$$h(x) = f'(x)(x-a) - (f(x)-f(a))$$

ここで，$h'(x) = f''(x)(x-a)$ であり，$f''(x)>0$ だから，$h(x)$ は，$x<a$ で減少，$x>a$ で増加します．

　$x \to a$ のとき，$h(x) \to 0$ だから，$x \neq a$ のとき，$h(x)>0$ がいえ，そこから $g'(x)>0$ もいえます．

　以上より，$x \neq a$ で $g(x)$ は増加関数で，さらに，

$x \to a$ のとき，$\dfrac{f(x)-f(a)}{x-a} \to f'(a)$ より，$g(x)$ は $x=a$ で連続ですから，$g(x)$ は $x=a$ のときも含め増加関数です．

*　　　　　*　　　　　*

§3　関数の利用　　27

実は，$\dfrac{f(x)-f(a)}{x-a}$ の図形的意味を考えると，これは点 $A(a, f(a))$ と $X(x, f(x))$ を結ぶ直線の傾きです．

　$f''(x)>0$ とは，$f(x)$ が図のように，下に凸であることを表します．

　そこで $g(x)$ が増加関数であるとは，右図のような下に凸な関数で，A と $f(x)$ 上の点を結ぶ直線の傾きが

①<②<③<④<⑤<⑥ のようになっているということを意味します．これは直観的にはアタリマエですね．

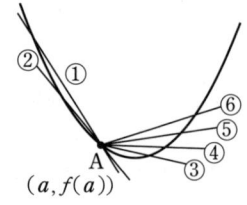

　この原理（不等式）を具体的な $f(x)$ にあてはめてできるのが，次の問題です．

問題 5

$a>b>c>0$ に対して，次の各不等式を示せ．

(1) $\dfrac{\sqrt{a}-\sqrt{b}}{\sqrt{b}-\sqrt{c}} < \dfrac{a-b}{b-c}$

(2) $(a-b)\sqrt{x+c} + (b-c)\sqrt{x+a} + (c-a)\sqrt{x+b} < 0$

　これは，$f(x)=\sqrt{x}$ に京大の問題のココロを適用するだけの話です．

　$f(x)=\sqrt{x}$ のグラフは上に凸ですから，右図で

　　（線分 AB の傾き）<（線分 BC の傾き）

です．

【解説】（1）（前文で）

　A, B, C の x 座標を a, b, c とすれば，

$$\dfrac{\sqrt{a}-\sqrt{b}}{a-b} < \dfrac{\sqrt{b}-\sqrt{c}}{b-c}$$

これと $a>b$, $b>c$ から式変形して出ます．

（2） A, B, C の x 座標を $x+a$, $x+b$, $x+c$ とします．すると，

$$\dfrac{\sqrt{x+a}-\sqrt{x+b}}{a-b} < \dfrac{\sqrt{x+b}-\sqrt{x+c}}{b-c}$$

これに $(a-b)(b-c)>0$ を辺々かけて整理することで，証明すべき式が

得られます.

このように,『傾き』に着目する方法は,時に不等式を証明する大変強力な手法となります.

3. 区間の端点の利用

関数の利用という点では共通するものの,別のテーマに移りましょう.

次の2つは直観的にほぼ明らかですので,説明抜きに使うことにします.

1 閉区間 $[a, b]$ において1次関数 $f(x)=mx+n$ は,$x=a$,$x=b$ のどちらかで最大値(最小値)をとる(区間の両端のどちらかで最大値をとる).

2 閉区間 $[a, b]$ において定義され,下に凸なグラフをもつ関数 $f(x)$ を考える.$f(x)$ は,$x=a$,$x=b$ のいずれかで最大値をとる.

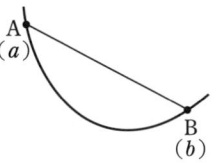

2 の方だけちょっとコメントしておくと,凸の性質より,$f(x)$ のグラフは $[a, b]$ で線分 AB の下側にあります.このことから,$f(a)$,$f(b)$ 以外が最大値になりえないことは明らかでしょう.

さて,上記 1,2 はうまく使うと大変な威力を発揮するのですが,文字が沢山乱舞する問題を見ると,1,2 を思いつく前にゲンナリし,易問を超難問だとカンちがいする人が少なくないようです.

そこで,まず大学入試問題から,一筋縄では行きそうもない問題を2題とりあげ,それらが実は 1 を利用すれば楽であることを示します.

問題6

実数 a, b は $0<a<b$ を満たし,x, y, z はいずれも a 以上かつ b 以下であるとする.このとき次を示せ.

(1) $x+y=a+b$ ならば,$xy \geq ab$ である.

(2) $x+y+z=a+2b$ ならば,$xyz \geq ab^2$ である.

(08 千葉大(医))

直観的にいえば,「周の長さが一定の長方形は正方形に形が近いほど面積が大きい」「たて+横+高さが一定の直方体の体積は,形が立方体に近いほど大きい」という興味について扱った素材です.

尤も(2)で3つも変数があると，何をもって立方体に近いとするか，判断が難しいのですが….

(1)は普通に簡単．問題は(2)での手法の選択です．

【解説】

(1) 1文字消去といきましょう．

$a = x+y-b$ を証明すべき不等式に代入すれば

$$xy \geq bx+by-b^2 \cdots\cdots\cdots\cdots\cdots\cdots\cdots\cdots\cdots\cdots\cdots ①$$

これを証明すればよいのですが，

$① \iff b^2-b(x+y)+xy \geq 0$

$\iff (b-x)(b-y) \geq 0$

ここで x, y はいずれも b 以下なので，O.K. です．

(2) 1文字消去までは(1)と同じです．

$a = x+y+z-2b$ を証明すべき不等式に代入すれば

$$xyz - (x+y+z)b^2 + 2b^3 \geq 0 \cdots\cdots\cdots\cdots\cdots\cdots\cdots ②$$

となります．

ここで，左辺を x, y, z それぞれの関数として眺めると，どの文字についても1次関数で，しかも，x, y, z はいずれも閉区間 $[a, b]$ しか動きません．

ここで，x, y, z は，$x+y+z=a+2b$ という式にしばられて独立には動けませんが，条件を広げて，x, y, z が独立に $[a, b]$ を動くときと比較すると，(x, y, z の動ける範囲が広がるわけだから)

②の左辺の値の最小値 $[x+y+z=a+2b$ の場合$]$

$\geq$ ②の左辺の値の最小値 $[$上記条件を除いた場合$]$

であることは明らかです．

――は，②の左辺が x, y, z について1次関数で3文字がすべて $[a, b]$ を動くことから，

x は a または b．

y も a または b．

z も a または b．

の8通りのどれかです．

よって，これら8通りの値がすべて0以上であることを示せば，問題は解決します．

x, y, z についての式の対称性を考えれば，

（ⅰ） x, y, z がすべて a.
（ⅱ） x, y, z のうち 2 つが a.（1 つが b）
（ⅲ） x, y, z のうち 1 つが a.（2 つが b）
（ⅳ） x, y, z がすべて b.
の 4 通りをためせばよく，
　（ⅰ）の場合　②の左辺 $=a^3-3ab^2+2b^3=(a+2b)(a-b)^2 \geqq 0$
　（ⅱ）の場合　②の左辺 $=a^2b-(2a+b)b^2+2b^3=b(a-b)^2 \geqq 0$
　（ⅲ）の場合　②の左辺 $=ab^2-(a+2b)b^2+2b^3=0$
　（ⅳ）の場合　②の左辺 $=b^3-3b^3+2b^3=0$
ですから，②の左辺 $\geqq 0$ が x, y, z が $[a, b]$ に含まれるすべての場合について示されたことになり問題は解決します．

　ちなみに，$x=y=b, z=a$ のとき，$xyz \geqq ab^2$ の等号が成立することはすぐわかりますね．

　　　　　　　　　＊　　　　　＊　　　　　＊

　解説調なので長くなりましたが，要するに，x, y, z がいずれも a か b であるような 8 通りの場合に②式の成立を確かめれば十分だったということです．

　その解法を保証しているのが，一見簡単な 1 次関数の性質①なのですね．

問題7

実数 a, b, c は，$1 \geqq a \geqq b \geqq c \geqq \dfrac{1}{4}$ をみたすとする．$x+y+z=0$ なる実数 x, y, z に対して，
$$ayz+bzx+cxy \leqq 0 \quad \cdots\cdots\cdots\cdots\cdots\cdots ☆$$
が成り立つことを示せ．　　　　　　　　　　　　（93　都立大（一部略））

　余勢を駆って，前問と同じく①を利用しましょう．すると，☆式の左辺が，
$$(a, b, c)=(1, 1, 1), \ (1, 1, \tfrac{1}{4}),$$
$$(1, \tfrac{1}{4}, \tfrac{1}{4}), \ (\tfrac{1}{4}, \tfrac{1}{4}, \tfrac{1}{4})$$
の 4 通りの場合について，0 以下であることを示すだけの問題になります．

§3　関数の利用　　31

【解説】

　条件をゆるめて（広くして）$1 \geqq a, b, c \geqq \dfrac{1}{4}$ のとき，☆を示せば十分である．

　☆の左辺は a, b, c どの文字についても1次関数だから，☆の左辺が最大値をとりうるのは，a, b, c いずれも1か $\dfrac{1}{4}$ のとき．

　そこで次の4つの場合を調べる．

（ⅰ）　$a=b=c=1$ のとき，
　　　$yz+zx+xy \leqq 0$ を示せばよいが，
$$yz+zx+xy \leqq \dfrac{1}{2}(x^2+y^2+z^2+2xy+2yz+2zx)=\dfrac{1}{2}(x+y+z)^2=0$$

（ⅱ）　a, b, c のうち2つが1，1つが $\dfrac{1}{4}$ の場合．

　　　$yz+4zx+4xy \leqq 0$ を示せば足りる．
　　　左辺 $= yz+4x(y+z) = yz+4(-y-z)(y+z) = yz-4(y+z)^2$
で，これは（平方完成等の式変形で）明らかに0以下．

（ⅲ）　a, b, c のうち2つが $\dfrac{1}{4}$，1つが1の場合．

　　　$4yz+zx+xy \leqq 0$ を示せば足りる．
　　　左辺 $= 4yz+x(y+z) = 4yz-(y+z)^2 = -(y-z)^2 \leqq 0$

（ⅳ）　a, b, c すべてが $\dfrac{1}{4}$ の場合は（ⅰ）と同様．

　　　　　　　＊　　　　　＊　　　　　＊

　パッと見ただけでは $\dfrac{1}{4}$ という見慣れない数字に「ハテナ」と首を傾けたくなりますが，（ⅲ）までくると，この設定に合点がいきますね．

　この4つのケースすべてについて，☆の左辺 $\leqq 0$ がいえたので，問題は解決したのです．

　それにしても①は，おそろしい破壊力ですね．②の方の実例は…というと大学入試にはなかったので，アメリカの数学オリンピック予選の問題を紹介しましょう．

問題 8

$0 \leq x, y, z \leq 1$ のとき，次の不等式を証明せよ．
$$\frac{x}{y+z+1} + \frac{y}{z+x+1} + \frac{z}{x+y+1} + (1-x)(1-y)(1-z) \leq 1$$

y, z を固定し，与式の左辺を x の関数 $f(x)$ と見て 2 度微分すると，
$$f'(x) = \frac{1}{y+z+1} - \frac{y}{(z+x+1)^2} - \frac{z}{(x+y+1)^2} - (1-y)(1-z)$$
$$f''(x) = \frac{2y}{(z+x+1)^3} + \frac{2z}{(x+y+1)^3}$$

よって，$f''(x) > 0$ $(0 < x < 1)$ がわかります．

また，$x = 0, 1$ で $f(x)$ は連続です．

以上より，$f(x)$ のグラフは $0 \leq x \leq 1$ で下に凸であり，②を適用すると $f(x)$ は 0 または 1 で最大となることがわかります．これは，y, z についても同様です．

［略式解説］

前文により，x, y, z がそれぞれ 0 か 1 の 8 通りの場合を調べればよい．
x, y, z のうち，
(ⅰ) 全部 0 のとき，　　　左辺 = 1 ≦ 1 で O.K.
(ⅱ) 2 つ 0, 1 つ 1 のとき，左辺 = 1 ≦ 1 で O.K.
(ⅲ) 1 つ 0, 2 つ 1 のとき，左辺 = 1 ≦ 1 で O.K.
(ⅳ) 3 つとも 1 のとき，　　左辺 = 1 ≦ 1 で O.K.

§4 Jensenの不等式

　前回，関数の性質を利用するのが『不等式の証明』に強力な手法だという話をしました．
　今回は，「関数の利用」の中でも特に強力な1つの定理を紹介します．それは，Jensen（イエンゼン）の不等式と呼ばれます．
　まず，証明の前に定理を視覚的にイメージすることにしましょう．
　最初に，

　　主役は下に凸な関数だ

ということを意識してください．右図でいえば，$f(x)$ は下に凸な関数です．

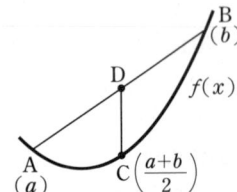

図1

　また，図で $A(a)$ と書いてあるのは，「点A の x 座標を a とする」という意味です．
　すると，$f(x)$ が下に凸であることから，図1, 2で線分 AB は，$f(x)$ のグラフの上側にあります．

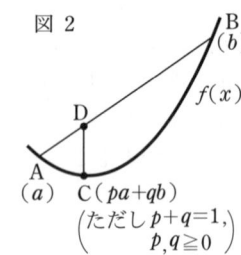

図2

　そこで図1より，

　　　Dの y 座標≧Cの y 座標

となりますが，これは，

$$\frac{1}{2}\{f(a)+f(b)\} \geq f\left(\frac{a+b}{2}\right)$$

ということです．
　図2の $pa+qb$ は $p+q=1$ の下では

$\dfrac{p}{p+q}a+\dfrac{q}{p+q}b$，つまり，AB の x 座標を

$q:p$ に内分した点であることをあらわします．

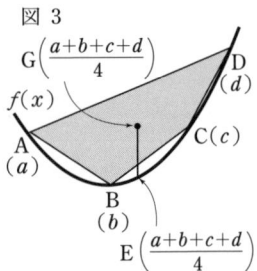

図3

　この場合も当然，Dの y 座標≧Cの y 座標であり，Dの y 座標を分点の公式で計算しておけば，

$$pf(a)+qf(b) \geq f(pa+qb) \quad [p+q=1]$$

さらに図3で，4点 A，B，C，D の重心 G を考えると，これは四角形 ABCD（$f(x)$ の上側）の内部の点なので，図の点 E と，y 座標を比較することで，
$$\frac{1}{4}\{f(a)+f(b)+f(c)+f(d)\} \geqq f\left(\frac{a+b+c+d}{4}\right)$$
がわかります．

これら3つの場合から，一般化した場合を推定すると次の不等式が成り立ちそうです．

Jensen の不等式

ある区間で $f''(x)$ が存在して，$f''(x)>0$ をみたす関数 $f(x)$ を考える．このとき，区間内の任意の n 数 x_1, x_2, $\cdots$, x_n と，$0 \leqq p_i \leqq 1$ ($i=1, 2, \cdots, n$)，$p_1+p_2+\cdots+p_n=1$ をみたす任意の実数の組 p_i について，
$$p_1 f(x_1)+p_2 f(x_2)+\cdots+p_n f(x_n) \geqq f(p_1 x_1+p_2 x_2+\cdots+p_n x_n)$$
が成り立つ．

1．Jensen の不等式の証明

要するに，上の不等式は（少し難しい表現になりますが），

「下に凸な関数のグラフを考えれば，グラフ上の n 点について，

n 点の y 座標についての加重平均（それぞれ p_1, p_2, $\cdots$, p_n という重みをつけた平均）

$\geqq f(n$ 点の x 座標についての加重平均$)$」

ということです．

これが成立することは，図1〜図3のような具体例から，直観的にはわかるでしょうが，ひとまずは数式による証明もしておかねばなりません．

問題1

（1）上の不等式で，$n=2$ の場合を示せ．
（2）上の不等式の一般形を，数学的帰納法を用いて示せ．

---

§4 Jensen の不等式

簡単そうに見えて，式による証明は意外に厄介です．
（１）で平均値の定理を用いることになりますが，ここが大きなヤマでしょう．

【解説】

（**１**） $x_1=x_2$ の場合は自明なので，$x_1<x_2$ として，
$$(1-p_2)f(x_1)+p_2f(x_2)-f((1-p_2)x_1+p_2x_2)\geqq 0 \quad \cdots\cdots\cdots\cdots ①$$
を示せばよい．

①の左辺を p_2 の関数と見て，$g(p_2)$ とおくと，
$$g'(p_2)=f(x_2)-f(x_1)-(x_2-x_1)f'((1-p_2)x_1+p_2x_2) \quad \cdots\cdots\cdots ②$$
$$g''(p_2)=-(x_2-x_1)^2\times f''((1-p_2)x_1+p_2x_2)<0 \quad \cdots\cdots\cdots ③$$

③より，$g'(p_2)$ は減少関数で，
$$g'(0)=f(x_2)-f(x_1)-(x_2-x_1)f'(x_1)$$
$$=(x_2-x_1)\left\{\underline{\frac{f(x_2)-f(x_1)}{x_2-x_1}}-f'(x_1)\right\}>0$$

（なぜなら，平均値の定理により，――＝$f'(c)$，$x_1<c<x_2$ なる c が存在し，$f'(x)$ は $f''(x)>0$ より増加関数だから｛ ｝内>0）

同様に，
$$g'(1)=f(x_2)-f(x_1)-(x_2-x_1)f'(x_2)<0$$

以上より $g'(p_2)$ は $0\leqq p_2\leqq 1$ で，0から途中のある値までは正，そこから1までは負になる．

よって，$g(p_2)$ は，0から途中までは単調に増加し，それ以降1までは単調に減少するが，
$$g(0)=g(1)=0$$
なので，$0<p_2<1$ で $g(p_2)>0$．

よって $p_2=0$，1の場合もあわせて①が示された．

（**２**） $n=2$ での成立は（１）より O.K.

次に $\underline{n=k\text{ での成立を仮定}}$ して，$n=k+1$ の場合，すなわち，
$$p_1f(x_1)+p_2f(x_2)+\cdots+p_{k+1}f(x_{k+1})$$
$$\geqq f(p_1x_1+p_2x_2+\cdots+p_{k+1}x_{k+1}) \quad \cdots\cdots\cdots\cdots\cdots ④$$
を示す．$p_1+p_2+p_3+\cdots+p_k=q$（$\leqq 1$）とおくと，$q=0$ のときは明らかだから以下 $q>0$ として，

$$\frac{p_1}{q}+\frac{p_2}{q}+\cdots+\frac{p_k}{q}=1, \quad \frac{p_i}{q} \geqq 0 \ (i=1, \ 2, \ \cdots, \ k)$$

だから，——の仮定より，

$$\frac{p_1}{q}f(x_1)+\frac{p_2}{q}f(x_2)+\cdots+\frac{p_k}{q}f(x_k)$$
$$\geqq f\left(\frac{1}{q}(p_1x_1+p_2x_2+\cdots+p_kx_k)\right)$$

$$\therefore \ p_1f(x_1)+p_2f(x_2)+\cdots+p_kf(x_k)$$
$$\geqq qf\left(\frac{1}{q}(p_1x_1+p_2x_2+\cdots+p_kx_k)\right) \ \cdots\cdots\cdots\cdots\cdots\cdots ⑤$$

ここで，(1)の結果を使って，

$$qf(X)+(1-q)f(Y) \geqq f(qX+(1-q)Y)$$

に，$X=\frac{1}{q}(p_1x_1+p_2x_2+\cdots+p_kx_k)$, $1-q=p_{k+1}$, $Y=x_{k+1}$ を代入することで，

⑤の右辺$+p_{k+1}f(x_{k+1}) \geqq f(p_1x_1+p_2x_2+\cdots+p_{k+1}x_{k+1})$

となって④が示された．

以上より，数学的帰納法で Jensen の不等式が示されました．

2. 背景としての Jensen の不等式

以上のように，Jensen の不等式は，$n=2$, 3 くらいのレベル，また $p_1=p_2=\cdots$ の場合の証明はまだしも，一般形は証明が面倒なので，そのまま，

Jensen の不等式により…

という天降り方式の答案は書けそうにありません．

しかし，大学入試の不等式の背景に，まるで背後霊のようにこの不等式はついてまわっています（逆にいえば出題者はタネとしてこれを用い，別の方法でも解けそうなとき，これを出題するわけ）．

そこで，Jensen の不等式が背景となっている大学入試問題を，いくつか眺めていきましょう．

以下，問題形式で書き，Jensen の不等式との関連だけを指摘した解説をします．

なお，$f(x)$ が上に凸（$f''(x)<0$）の場合は，不等号の向きが逆になるだけですから，これも断りなしに使うことにします．

問題 2

文字 x, y, p, q は 0 または正の実数で, $p+q=1$ とするとき, 次の各問いに答えよ.
（1） $\sqrt{px+qy} \geqq p\sqrt{x}+q\sqrt{y}$ を示せ.
（2） n が自然数のとき,
$$(px+qy)^n \leqq px^n+qy^n$$
を示せ. （01 明大）

普通の方法（(1)なら2乗して 左辺－右辺$\geqq 0$ を示す．(2)なら帰納法で示す）でも解け，そちらは容易ですので，ここではJensenとの関係だけを示します．

【解説】
Jensen の不等式の $n=2$ バージョンは,
　　$0 \leqq p, q \leqq 1,\ p+q=1$ なる p, q に対して,
　　　　$f(x)$ が下に凸なら, $pf(x)+qf(y) \geqq f(px+qy)$ ………………①
　　　　$f(x)$ が上に凸なら, $pf(x)+qf(y) \leqq f(px+qy)$ ………………②

（1） $f(x)=\sqrt{x}$ は $x \geqq 0$ で上に凸なので，②を適用して，
$$p\sqrt{x}+q\sqrt{y} \leqq \sqrt{px+qy}$$

（2） $n=1$ のとき，左辺＝右辺 は明らか.
$n \geqq 2$ のとき, $f(x)=x^n$ は $x \geqq 0$ で下に凸なので①を適用して，
$$px^n+qy^n \geqq (px+qy)^n$$

　　　　＊　　　　＊　　　　＊

このように，単にあてはめただけです．問題の作成法としては安易にすぎますが，試験としては十分に成り立つ問題でしょう．

問題 3

α, β, γ は, $\alpha>0, \beta>0, \gamma>0, \alpha+\beta+\gamma=\pi$ を満たすものとする．このとき, $\sin\alpha \sin\beta \sin\gamma$ の最大値を求めよ．

（99 京大後期）

$0<\alpha, \beta, \gamma<\pi$ で, $f(x)=\sin x$ は区間 $(0, \pi)$ で上に凸です．
$[(\sin x)'' < 0]$

そこで，Jensen の不等式の $n=3$ バージョンで

$$p_1=p_2=p_3=\frac{1}{3}, \quad x_1 \Rightarrow \alpha, \ x_2 \Rightarrow \beta, \ x_3 \Rightarrow \gamma$$

とすると，

$$\underline{\frac{\sin\alpha+\sin\beta+\sin\gamma}{3}} \leq \sin\frac{\alpha+\beta+\gamma}{3}=\sin\frac{\pi}{3}=\frac{\sqrt{3}}{2}$$

これがわかれば，あとは $\sin\alpha\sin\beta\sin\gamma$ と ―― 部の関係を考えるだけです．

【解説】

$0<\alpha,\beta,\gamma<\pi$ のとき，$\sin\alpha$，$\sin\beta$，$\sin\gamma$ はいずれも正なので，相加・相乗平均の不等式を用いて，

$$\sqrt[3]{\sin\alpha\sin\beta\sin\gamma} \leq \frac{\sin\alpha+\sin\beta+\sin\gamma}{3}$$

これと前文より，$\sqrt[3]{\sin\alpha\sin\beta\sin\gamma} \leq \frac{\sqrt{3}}{2}$

よって，$\sin\alpha\sin\beta\sin\gamma \leq \frac{3\sqrt{3}}{8}$ であるが，

$\alpha=\beta=\gamma=\frac{\pi}{3}$ のとき等号が成立するので，答は $\frac{3\sqrt{3}}{8}$

＊　　　＊　　　＊

ちなみに，このタイプ（$\alpha+\beta+\gamma=\pi$，2π などのとき $\sin\alpha\sin\beta\sin\gamma$ や $\sin\alpha+\sin\beta+\sin\gamma$ といった三角関数の式の値の範囲を問う）は，京大ではよく見られました．

普通に解くには，和積・積和公式に習熟しておくとよいでしょう．

問題 4

x_i $(i=1, 2, \cdots, n)$ を正数とし，$\sum_{i=1}^{n} x_i = k$ をみたすとする．このとき，不等式

$$\sum_{i=1}^{n} x_i \log x_i \geq k \log \frac{k}{n}$$

を証明せよ． （90　東工大）

Σ 記号がわかりにくければ一旦書き並べてみるとよいのです（慣れてからもう一度 Σ 記号のまま扱えるようにする必要はあるが…）．すると，

$$x_1 \log x_1 + x_2 \log x_2 + \cdots + x_n \log x_n$$
$$\geq (x_1 + x_2 + \cdots + x_n) \log \frac{x_1 + x_2 + \cdots + x_n}{n}$$

となります．両辺を n で割れば…もう単なる Jensen のあてはめの世界ですね．

【解説】

$f(x) = x \log x$ とすると，$f'(x) = 1 + \log x$

$f''(x) = \dfrac{1}{x} > 0 \ (x > 0)$

そこで $f(x)$ は，$x > 0$ で下に凸ですから，Jensen の不等式で，

$p_1 = p_2 = \cdots = p_n = \dfrac{1}{n}$ としてあてはめると

$$\frac{x_1 \log x_1 + \cdots + x_n \log x_n}{n} \geq \frac{k}{n} \log \frac{k}{n}$$

あとは両辺に n をかければ，証明すべき式が出ます．

＊　　　　＊　　　　＊

それにしても，Jensen を天降り的に使わないのなら，この問題は結構難物です．私は概して東工大の問題は好き（シンプルで真正面から数学力を問う）なのですが，背景のある問題を，無理矢理背景を知らないことにして解かせるという趣旨なら，趣味にあいません．

Jensen の説明をどのくらいすれば，それを使った答案を書いてよいのかについてはルールが必要でしょう．

他にも，東工大や京大の問題では Jensen を意識したと思われる出題が数例ありました．

3．Jensen から別の有名不等式を導く

さて，Jensen の不等式は実はかなりの汎用性をもっていて，多くの有名不等式がここから導かれてしまいます．

実は，相加・相乗，コーシー・シュワルツがどちらも O.K. です．

問題 5

関数 $f(x) = e^x$ が下に凸であることを利用して，Jensen の不等式から，相加・相乗平均の不等式を導いてみよ．

40

【解説】

Jensenの不等式で，$f(x)=e^x$, $p_1=p_2=\cdots=p_n=\dfrac{1}{n}$ とおくと，

$$\frac{e^{x_1}+e^{x_2}+\cdots+e^{x_n}}{n} \geq e^{\frac{x_1+x_2+\cdots+x_n}{n}}$$

となります．これは e^{x_i}（>0）を a_i とおきかえると

$\dfrac{a_1+a_2+\cdots+a_n}{n} \geq (a_1 a_2 \cdots a_n)^{\frac{1}{n}}$ となります．

これは，相加・相乗平均そのものですね．

問題 6

関数 $f(x)=x^2$ は下に凸である．Jensenの不等式で
$f(x)=x^2$, $x_i \Rightarrow \dfrac{x_i}{a_i}$, $p_i \Rightarrow \dfrac{a_i{}^2}{a_1{}^2+a_2{}^2+\cdots+a_n{}^2}$
とおきかえることで，新しい不等式を作ってみよ．

これはあてはめるだけです．あてはめると，

$$\frac{x_1{}^2+x_2{}^2+\cdots+x_n{}^2}{a_1{}^2+a_2{}^2+\cdots+a_n{}^2} \geq \left(\frac{a_1 x_1 + a_2 x_2 + \cdots + a_n x_n}{a_1{}^2+a_2{}^2+\cdots+a_n{}^2}\right)^2$$

より，分母を払って，コーシー・シュワルツの不等式が出てきます．また§9で扱いますが，これにより（似た手法で）コーシー・シュワルツの不等式を拡張できます．

4．最後に，やや風変りな不等式を

では最後に，下に凸な関数 $f(x)$ について，やや風変わりな不等式を示しましょう．私がこの不等式を扱う気になった契機は，次の京大の問題です．

問題 7

$0<x<1$ に対して，$\dfrac{1-x^3}{3} > \dfrac{1-x^2}{2}\sqrt{x}$ が成り立つことを証明せよ．

（88　京大）

---

§4　Jensenの不等式

解くだけならいたって簡単（$1-x>0$ で両辺を割り，左辺－右辺 を作って微分でもすればよい）のですが，この形はどうも奇妙で，どこからこんな問題を作ったのか，私はなかなか合点が行きませんでした．

そこで，$1-x$ で両辺を割ってから，$\sqrt{x} \Rightarrow a$ と置き直してみて，ハッとしたのです．おきかえにより，

$$\frac{1+a^2+a^4}{3} > \frac{a+a^3}{2} \quad \cdots\cdots\cdots\cdots\cdots\cdots\cdots\cdots\cdots\cdots\cdots\cdots\cdots ☆$$

というきれいな形になりました．$f(x)=a^x$ のグラフは $0<a<1$ のとき下に凸であり，☆は，

$$\frac{f(0)+f(2)+f(4)}{3} > \frac{f(1)+f(3)}{2}$$

と同じです．「ひょっとして？…」と考えた私は次の問題を作って考えてみることにしました．誘導をつけましたので，皆さんも一緒に考えてみてください．

問題 8

関数 $f(x)$ は下に凸な関数とする．
（1）正数 a と自然数 n に対して，次の不等式を示せ．
$$\frac{1}{n+1}\left(f(0)+f\left(\frac{a}{n}\right)+\cdots+f\left(\frac{n-1}{n}a\right)+f(a)\right)$$
$$> \frac{1}{n+2}\left(f(0)+f\left(\frac{a}{n+1}\right)+\cdots+f(a)\right)$$

（2）自然数 n に対して，次の不等式を示せ．
$$\frac{1}{n+1}(f(0)+f(2)+\cdots+f(2n))$$
$$> \frac{1}{n}(f(1)+f(3)+\cdots+f(2n-1))$$

（1）の方が難しいでしょう．（1）の不等式の図形的な意味を述べておきます．$y=f(x)$ 上の x 座標が $x_i = \dfrac{i}{n}a$ ($i=0, 1, \cdots, n$) である $n+1$ 点を $P_0, P_1, \cdots, P_n$ とし，同様に x 座標が $x_j = \dfrac{j}{n+1}a$ ($j=0, 1, \cdots, n+1$) である $n+2$ 点

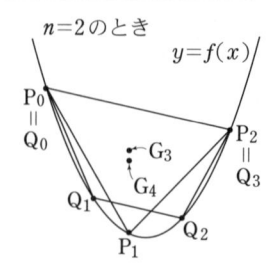

を Q_0, Q_1, $\cdots$, Q_{n+1} とします. $n+1$ 角形 $P_0P_1\cdots P_n$ の重心を G_{n+1}, $n+2$ 角形 $Q_0Q_1\cdots Q_{n+1}$ の重心を G_{n+2} とすると, G_{n+1} と G_{n+2} の x 座標はともに $\dfrac{a}{2}$ であり, y 座標をそれぞれ Y_{n+1}, Y_{n+2} とすると, 与式左辺 $= Y_{n+1}$, 与式右辺 $= Y_{n+2}$ です. 折れ線 $P_0P_1\cdots P_n$ より, 折れ線 $Q_0Q_1\cdots Q_{n+1}$ の方が曲線 $y=f(x)$ に近づきますから, $Y_n > Y_{n+1}$ が成り立つことは直観的に分かります.

【解説】
(1) Jensen の不等式を用いて,

$$\dfrac{1\cdot f(0)+nf\left(\dfrac{a}{n}\right)}{n+1} > f\left(\dfrac{a}{n+1}\right)$$

$$\dfrac{2\cdot f\left(\dfrac{a}{n}\right)+(n-1)f\left(\dfrac{2a}{n}\right)}{n+1} > f\left(\dfrac{2a}{n+1}\right)$$

$$\vdots$$

$$\dfrac{n\cdot f\left(\dfrac{n-1}{n}a\right)+1\cdot f\left(\dfrac{n}{n}a\right)}{n+1} > f\left(\dfrac{n}{n+1}a\right)$$

辺々足して, さらに両辺に $f(0)+f(a)$ を加え, $(n+2)$ で割ることで, 所望の式を得ます.

(2) (1)より, $m>n$ なる自然数について,

$$\dfrac{1}{n+1}\left(f(0)+f\left(\dfrac{a}{n}\right)+\cdots+f(a)\right)$$
$$> \dfrac{1}{m+1}\left(f(0)+f\left(\dfrac{a}{m}\right)+\cdots+f(a)\right)$$

がいえます.

ここで $a \Rightarrow 2n$, $m \Rightarrow 2n$ とおくと,

$$\dfrac{1}{n+1}(f(0)+f(2)+\cdots+f(2n))$$
$$> \dfrac{1}{2n+1}(f(0)+f(1)+f(2)+\cdots+f(2n))$$

これを一旦分母を払って整理してから, 両辺を $n(n+1)$ で割って所望の式を得ます.

単純な入試問題も, 奥は案外深そうですね.

§4 Jensen の不等式

数Ⅱ，Ⅲ

§5 相加平均・相乗平均の不等式

§4でも，§3でも，相加平均≧相乗平均 という不等式はすでに証明しました．また，§7で別の重要不等式を扱う際にも，再び，相加・相乗平均の不等式を別な視点から証明しようと思っています．

このように，『相加平均≧相乗平均の不等式』には，実に様々な証明法があるのですが，それは何を意味するのでしょうか？

実はこの不等式は，『弱い』不等式なのです．Jensen の不等式から導かれるということは，Jensen の不等式の特殊な一形態であるにすぎません．『広さ』からいえば，Jensen の不等式の方がはるかに広く，多くを包摂して広いのです．

それなのに，『相加・相乗の不等式』が，珍重されるのはなぜか？ それは，ひとえに"扱いやすく便利"だからに他なりません．

では，本題に入る前に，この不等式を再掲しておきましょう．

相加・相乗平均の不等式

n個の正数 $a_1, a_2, \cdots, a_n$ について，

$$\frac{a_1+a_2+\cdots+a_n}{n} \geq (a_1 a_2 \cdots a_n)^{\frac{1}{n}}$$

　　（相加平均）　　　（相乗平均）

が成り立つ．等号は $a_1 \sim a_n$ のすべてが等しいとき．

---

1. 基本となる形

では，まず基本問題を解いてもらいます．

問題 1

次の各不等式を証明せよ．ただし，$a \sim c$ はすべて正の数とし，相加・相乗平均の不等式は既知としてよい．

(1) $(a+b+c)(a^2+b^2+c^2) \geq 9abc$

(2) $a\left(\dfrac{1}{b}+\dfrac{1}{c}\right)+b\left(\dfrac{1}{c}+\dfrac{1}{a}\right)+c\left(\dfrac{1}{a}+\dfrac{1}{b}\right) \geq 6$

（3） $(a+b)(b+c)(c+a) \geqq 8abc$

　　　　　　　　　　　　　　　　　（いずれも基本・頻出）

どれも,『あてはめ＆少しの工夫』で解けます．このあたりまでは，スラスラ解けてほしいもの．
【解説】
（1） 左辺の（　）の中に相加・相乗を用いるのが基本．
$$a+b+c \geqq 3(abc)^{\frac{1}{3}}, \quad a^2+b^2+c^2 \geqq 3(a^2b^2c^2)^{\frac{1}{3}}$$
の辺々をかけあわせて，所望の不等式を得ます．
（2） 左辺は展開すると6項になりますが，どう組合わせるかがポイントです．一般に正数 x について，
$$x+\frac{1}{x} \geqq 2 \cdot \left(x \cdot \frac{1}{x}\right)^{\frac{1}{2}} = 2$$
ですから，x とその逆数の和は2以上です．
$$\text{左辺} = \left(\frac{b}{a}+\frac{a}{b}\right)+\left(\frac{c}{b}+\frac{b}{c}\right)+\left(\frac{a}{c}+\frac{c}{a}\right)$$
$$\geqq 2 \cdot \left(\frac{b}{a} \cdot \frac{a}{b}\right)^{\frac{1}{2}} + 2 \cdot \left(\frac{c}{b} \cdot \frac{b}{c}\right)^{\frac{1}{2}} + 2 \cdot \left(\frac{a}{c} \cdot \frac{c}{a}\right)^{\frac{1}{2}} = 6$$
（3） $a+b \geqq 2\sqrt{ab},\ b+c \geqq 2\sqrt{bc},\ c+a \geqq 2\sqrt{ca}$ の辺々をかけあわせると，できあがりです．

2．基本からの発展
では，基本問題を"おきかえ"という手法を用いて進化させてみましょう．

問題2

x, y, z を三角形の3辺の長さとするとき，次の不等式を証明せよ．

（1） $\dfrac{x}{y+z-x}+\dfrac{y}{z+x-y}+\dfrac{z}{x+y-z} \geqq 3$

（2） $xyz \geqq (y+z-x)(z+x-y)(x+y-z)$

　　　　　　　　　　（（2）は大昔の東工大にも出題例あり）

$2A=y+z-x,\ 2B=z+x-y,\ 2C=x+y-z$ というおきかえが，この形の基本です．

§5　相加平均・相乗平均の不等式　　45

このとき，x, y, z を A, B, C の式で表すと…

【解説】

前文のようにおきかえ，これを x, y, z について解くと，
$x = B+C, y = C+A, z = A+B$ となります．
そこで，（1），（2）の左辺を A, B, C で書きかえます．

なお，三角不等式（三角形の2辺の長さの和は他の1辺より大きい）より，$A, B, C > 0$ です．

（1）$\dfrac{B+C}{2A} + \dfrac{C+A}{2B} + \dfrac{A+B}{2C} \geq 3$ を示せばよいことになるが，実は「2×左辺」が問題1-（2）と同じ形をしていることから，この不等式は明らか．

（2）$(B+C)(C+A)(A+B) \geq (2A)(2B)(2C)$ を示せばよいが，これは問題1-（3）とまったく同趣旨．

* * *

というわけで，どちらもおきかえにより，基本問題に帰着されてしまいました．

実は（2）は，$x, y, z > 0$ という条件下で成り立つ（三角形の3辺でなくともよい）不等式です．

なぜなら，この条件下で，A, B, C のうち負になりうるのは多くて1つ（なぜなら，たとえば $A<0, B<0$ とすると，$A+B=z>0$ に矛盾）です．

この場合は，左辺が正，右辺が負ですから，不等式は当然成り立ち，$A \sim C$ がすべて正の場合（本問）とあわせて O.K. だからです．

そして，この不等式は，結構有効です．

問題3

x, y, z を三角形の3辺の長さとし，$x+y+z = 2l$（l は定数）とする．
また，三角形の面積 S が，ヘロンの公式により，
$\sqrt{l(l-x)(l-y)(l-z)}$ で表されることは既知とする．

このとき，（x, y, z を和が $2l$ という条件下で動かすとき）S の最大値を求めよ．

【解説】

問題2-（2）の不等式の左辺と右辺を代え，$x+y+z (=2l)$ を両辺にかけ

ます．
　すると，
$$(y+z-x)(z+x-y)(x+y-z)(x+y+z) \leq xyz(x+y+z)$$
となります．$y+z-x=(x+y+z)-2x=2(l-x)$ などを用いてこれを書きかえれば，
$$2(l-x) \cdot 2(l-y) \cdot 2(l-z) \cdot 2l \leq xyz \cdot 2l$$
$\therefore\ 8l(l-x)(l-y)(l-z) \leq lxyz$ ……………………………①

ここで相加・相乗平均の不等式を用いて，
$$3\sqrt[3]{xyz} \leq x+y+z = 2l$$
両辺を3乗すると，$27xyz \leq 8l^3$ ……………………………②

そこで，①，②より，
$$27l(l-x)(l-y)(l-z) \leq l^4$$
$\therefore\ S=\sqrt{l(l-x)(l-y)(l-z)} \leq \dfrac{l^2}{3\sqrt{3}}$ （これが最大値）

等号は $x=y=z$ のとき確かに成り立っています．
「周の長さが一定の三角形について，面積が最大になるのは正三角形のとき」ということもわかりますね．
さらに，こんな応用もあります．

問題4

$a,\ b,\ c$ を，$abc=1$ をみたす正の実数とするとき，次の不等式を証明せよ．
$$\left(a-1+\dfrac{1}{b}\right)\left(b-1+\dfrac{1}{c}\right)\left(c-1+\dfrac{1}{a}\right) \leq 1$$
（IMO　世界大会）

数学オリンピックの世界大会の問題ですが，何と先程の不等式で"おきかえ"をしただけなのです．

【解説】

$x, y, z > 0$ のとき，
$$xyz \geq (x+y-z)(y+z-x)(z+x-y)$$
両辺を xyz（>0）で割ることで（左辺と右辺を逆にして）
$$\left(\dfrac{x}{z}+\dfrac{y}{z}-1\right)\left(\dfrac{y}{x}+\dfrac{z}{x}-1\right)\left(\dfrac{z}{y}+\dfrac{x}{y}-1\right) \leq 1$$

§5　相加平均・相乗平均の不等式

ここで，$\dfrac{x}{z} \Rightarrow a$，$\dfrac{z}{y} \Rightarrow b$，$\dfrac{y}{x} \Rightarrow c$ とおきかえると，

$$\left(a-1+\dfrac{1}{b}\right)\left(b-1+\dfrac{1}{c}\right)\left(c-1+\dfrac{1}{a}\right) \leqq 1$$

ここで $abc=1$ となり，a，b，c は x，y，z を適当に動かすことで，$abc=1$，$a, b, c > 0$ をみたすおよそありうる値をすべて取りうるので終了．//

さて，基本の不等式を進化させるには，『おきかえ』という手法の他にも，『文字の数を増やす』という手法があります．

問題 5

$x_i\,(>0)\,(i=1,\,2,\,\cdots,\,n)$ として，次の各不等式を示せ．

(1) $x_1\left(\dfrac{1}{x_2}+\dfrac{1}{x_3}+\cdots+\dfrac{1}{x_n}\right)+x_2\left(\dfrac{1}{x_1}+\dfrac{1}{x_3}+\cdots+\dfrac{1}{x_n}\right)$
$\qquad +\cdots+x_n\left(\dfrac{1}{x_1}+\dfrac{1}{x_2}+\cdots+\dfrac{1}{x_{n-1}}\right) \geqq 2\cdot {}_nC_2$

(2) $x_1+x_2+\cdots+x_n=1$ という条件をつけるとき，
$$\dfrac{(1-x_1)(1-x_2)\cdots\cdots(1-x_n)}{x_1 x_2 \cdots\cdots x_n} \geqq (n-1)^n$$

それぞれ問題 1-(2), (3) の拡張タイプです．

【解説】

(1) 左辺は $\dfrac{x_j}{x_i}+\dfrac{x_i}{x_j}\,(\geqq 2)\,[i\neq j]$ という組合せ ${}_nC_2$ 組の和になっています．そこで，

$$\text{左辺} \geqq 2\cdot {}_nC_2 \;(=n(n-1)) \quad\cdots\cdots\cdots\cdots\cdots ☆$$

です．ちなみに☆の両辺に n を足し，左辺の n を

$$x_1\left(\dfrac{1}{x_1}\right)+x_2\left(\dfrac{1}{x_2}\right)+\cdots+x_n\left(\dfrac{1}{x_n}\right)$$

のようにしてからそれぞれの（　）の中にくり入れて因数分解すると

$$(x_1+x_2+\cdots+x_n)\left(\dfrac{1}{x_1}+\dfrac{1}{x_2}+\cdots+\dfrac{1}{x_n}\right) \geqq n^2$$

という形になります．これは，コーシー・シュワルツの不等式の特殊な形です．

（2）
$$1-x_1=x_2+x_3+\cdots+x_n\geq (n-1)\cdot\sqrt[n-1]{x_2x_3\cdots x_n}$$
$$1-x_2=x_1+x_3+\cdots+x_n\geq (n-1)\cdot\sqrt[n-1]{x_1x_3\cdots x_n}$$
$$\vdots$$
$$1-x_n=x_1+x_2+\cdots+x_{n-1}\geq (n-1)\cdot\sqrt[n-1]{x_1x_2\cdots x_{n-1}}$$

です．これらの式を辺々かけ合わせてから，$x_1x_2\cdots x_n$ で両辺を割ると，所望の式になります．

3．あてはめて作る不等式

さて，相加・相乗の不等式（p.44）の，n，a_i に具体的な値や文字，式をおきかえて（あてはめて）不等式を作ると，実に外見が雑多な不等式ができます．

しかし，単純にあてはめて作った不等式について，これを証明しようとすると，パズルのように難しい例が多いのです．たとえば…（ちなみに解かなくてもよい）．

問題6

正の実数 x，y，z が $x+y+z=1$ を満たしているとき，次の不等式を証明せよ．
$$x\sqrt[3]{1+y-z}+y\sqrt[3]{1+z-x}+z\sqrt[3]{1+x-y}\leq 1$$

（以前の JMO 本選）

JMO 本選というのは，数学オリンピックの日本代表候補を選出する難しい数学競技会です．

そこで出題された難問なのですが，こうした問題の作り方は実に簡単です．

【解説】
$$\frac{x+x+x(1+y-z)}{3}\geq \sqrt[3]{x^3(1+y-z)}=x\sqrt[3]{1+y-z}$$
$$\frac{y+y+y(1+z-x)}{3}\geq \sqrt[3]{y^3(1+z-x)}=y\sqrt[3]{1+z-x}$$
$$\frac{z+z+z(1+x-y)}{3}\geq \sqrt[3]{z^3(1+x-y)}=z\sqrt[3]{1+x-y}$$

この3式を辺々足すと，
$$x+y+z\geq x\sqrt[3]{1+y-z}+y\sqrt[3]{1+z-x}+z\sqrt[3]{1+x-y}$$

§5 相加平均・相乗平均の不等式

ここで，左辺＝$x+y+z=1$ なので，証明終了です．
＊　　＊　　＊

作るのはやさしい…ところが作り方を見抜いて逆順をたどって解くのはきわめて難しい…

相加・相乗平均の不等式からこしらえた問題にはそんな側面があります．

次の大学入試問題も，その典型的な例でしょう．

問題7

n を自然数とするとき，3 つの数
$$a=\sqrt[5]{1+\frac{1}{n}}-1,\quad b=1-\sqrt[5]{1-\frac{1}{n}},\quad c=\frac{1}{5n}$$
の大きさを比較せよ． （02　名古屋大）

これは，いろいろなやり方で解けますが，私は「出題者は相加・相乗で作った」と推定しています．作り方を見抜くには多少の眼力が必要です．

【解説】

$\left(1+\dfrac{1}{n}\right),\ 1,\ 1,\ 1,\ 1$ の5数に相加・相乗を用いて

$$\frac{\left(1+\frac{1}{n}\right)+1+1+1+1}{5}>\sqrt[5]{\left(1+\frac{1}{n}\right)\cdot 1\cdot 1\cdot 1\cdot 1}$$

$$\therefore\ c=\frac{1}{5n}>\sqrt[5]{1+\frac{1}{n}}-1=a$$

$\left(1-\dfrac{1}{n}\right),\ 1,\ 1,\ 1,\ 1$ の5数に用いれば同様に，

$$\frac{\left(1-\frac{1}{n}\right)+1+1+1+1}{5}>\sqrt[5]{\left(1-\frac{1}{n}\right)\cdot 1\cdot 1\cdot 1\cdot 1}$$

$$\therefore\ -c=-\frac{1}{5n}>\sqrt[5]{1-\frac{1}{n}}-1=-b$$

以上あわせて，$b>c>a$ ∥

本当に「まるでパズル」ですよね．
＊　　＊　　＊

ところで，この不等式の作り方を多少代えて，

$$\left(1+\frac{1}{n}\right), \ \left(1+\frac{1}{n}\right), \ \left(1+\frac{1}{n}\right), \ \left(1+\frac{1}{n}\right), \ 1$$

の 5 数に，相加・相乗平均の関係を用いると，

$$\frac{4\left(1+\frac{1}{n}\right)+1}{5} > \sqrt[5]{\left(1+\frac{1}{n}\right)^4 \cdot 1} \quad \therefore \quad 1+\frac{4}{5n} > \sqrt[5]{\left(1+\frac{1}{n}\right)^4}$$

となります．この 5 数を n 数に拡張すると（n 個の $\left(1+\frac{1}{n}\right)$ と 1 の計 $(n+1)$ 数で相加・相乗を用いると）

$$\frac{n\left(1+\frac{1}{n}\right)+1}{n+1} > \sqrt[n+1]{\left(1+\frac{1}{n}\right)^n} \quad \therefore \quad \left(1+\frac{1}{n+1}\right)^{n+1} > \left(1+\frac{1}{n}\right)^n$$

となります．これは n についての数列 $\left\{\left(1+\frac{1}{n}\right)^n\right\}$ が増加数列であることを表し，さらには（これは相加・相乗だけではうまくいかないが）

関数 $\left(1+\frac{1}{x}\right)^x$ が $x>0$ で増加する関数である

ことを示唆しています．

というわけで余談ながら同じ年度の名古屋大学の問題を掲載しておきましょう（解説はぬき）．

問題 8

（1） x を正数とするとき，$\log\left(1+\frac{1}{x}\right)$ と $\frac{1}{x+1}$ の大小を比較せよ．

（2） $\left(1+\frac{2001}{2002}\right)^{\frac{2002}{2001}}$ と $\left(1+\frac{2002}{2001}\right)^{\frac{2001}{2002}}$ の大小を較べよ．

（02　名古屋大）

要するに，（1）は $\underline{\log\left(1+\frac{1}{x}\right)^x \ が増加\ (x>0)\ すること}$ を言うために，この関数を微分するときに出てくるのです．――― がいえれば，

$$\left(1+\frac{2001}{2002}\right)^{\frac{2002}{2001}} > \left(1+\frac{2002}{2001}\right)^{\frac{2001}{2002}}$$

§5　相加平均・相乗平均の不等式　　51

はすぐに言えます．

　何だか「ひょっとして出題者は"一粒で二度おいしかった？"」とかんぐりたくなるような出題でした．

　ちなみに $\left\{\left(1+\dfrac{1}{n}\right)^n\right\}$ が $n\to\infty$ のとき自然対数の底 e に収束すること，そして，それが増加数列であることを示す上記の（相加・相乗による）証明はよく知られています．

4. 調和平均など

　さらにあてはめを続けてみましょう．はじめに掲げた相加・相乗平均の不等式で，

$$a_1 \Rightarrow \frac{1}{a_1}, \quad a_2 \Rightarrow \frac{1}{a_2}, \quad \cdots, \quad a_n \Rightarrow \frac{1}{a_n}$$

とおきかえると，

$$\frac{\dfrac{1}{a_1}+\dfrac{1}{a_2}+\cdots+\dfrac{1}{a_n}}{n} \geqq \left(\frac{1}{a_1 a_2 \cdots a_n}\right)^{\frac{1}{n}}$$

$$\therefore \quad (a_1 a_2 \cdots a_n)^{\frac{1}{n}} \geqq \frac{n}{\dfrac{1}{a_1}+\dfrac{1}{a_2}+\cdots+\dfrac{1}{a_n}}$$

となります．この右辺を $a_1 \sim a_n$ の『調和平均』と呼びならわしています．この式から一般に，

　　　　相加平均 ≧ 相乗平均 ≧ 調和平均

という関係が導かれます．

　そして，相加平均 ≧ 調和平均 の式を見て変形すると

$$(a_1+a_2+\cdots+a_n)\left(\frac{1}{a_1}+\frac{1}{a_2}+\cdots+\frac{1}{a_n}\right) \geqq n^2$$

が再び導かれます．これは大学入試には頻出で，例えば

問題 9

（1）（省略）

（2）正の実数 x_i（$i=1, 2, \cdots, n$）に対して，つぎの不等式が成り立つことを証明せよ．

$$\sum_{i=1}^{n}\frac{1}{x_i} \geqq \frac{n^2}{\sum_{i=1}^{n}x_i}$$

（01　九州大・後期）

など，そのままの形で出ています．

では最後に，ちょっとした工夫をしてみましょう．

問題 10

$x_i\,(i=1,\,2,\,\cdots,\,n)$ を自然数とする．

では，$\dfrac{1}{x_1}$ が x_1 個，$\dfrac{1}{x_2}$ が x_2 個，$\cdots$，$\dfrac{1}{x_n}$ が x_n 個の，あわせて $(x_1+x_2+\cdots+x_n\,[=k\ とおく])$ 個の数に相加・相乗平均の不等式を適用することで，面白い不等式を作ってみよ．

【解説】

そのまま作ってみると，

$$\frac{\dfrac{1}{x_1}\cdot x_1 + \dfrac{1}{x_2}\cdot x_2 + \cdots + \dfrac{1}{x_n}\cdot x_n}{k} \geqq \left(\frac{1}{x_1^{x_1}\cdot x_2^{x_2}\cdots x_n^{x_n}}\right)^{\frac{1}{k}}$$

$$\therefore\quad x_1^{x_1}\cdot x_2^{x_2}\cdots x_n^{x_n} \geqq \left(\frac{k}{n}\right)^k$$

となります．関数 $\log x$ は $x>0$ で増加関数ですから，両辺の対数をとってみると，

$$x_1\log x_1 + x_2\log x_2 + \cdots + x_n\log x_n \geqq k\log\frac{k}{n}$$

となります．面白い！　と思ってから，何かを思い出してがっかりしませんか？

そう，これは，§4 で紹介した東工大（90）の入試の式そのもの．しかも，東工大の方は，x_i が自然数どころか，正の実数ですから，それだけ広く，強力な結果なのです．

やはり，『相加・相乗』は『Jensen』にくらべて圧倒的に弱いんですね．でも，こんな工夫を重ねているうちに，君たちの数学力は着実に伸びていきます．

§6 コーシー・シュワルツの不等式

数Ⅱ

前回の『相加・相乗』に続き，今回のテーマは，有名不等式の第2弾．コーシー・シュワルツの不等式です．

まず，その一般形を書いておきましょう．

コーシー・シュワルツの不等式

実数 a_i ($i=1, 2, \cdots, n$), x_i ($i=1, 2, \cdots, n$)〔n は自然数〕について，不等式

$$(a_1^2+a_2^2+\cdots+a_n^2)(x_1^2+x_2^2+\cdots+x_n^2)$$
$$\geq (a_1x_1+a_2x_2+\cdots+a_nx_n)^2 \cdots\cdots\cdots☆$$

が成り立つ．等号は，$\dfrac{x_1}{a_1}=\dfrac{x_2}{a_2}=\cdots=\dfrac{x_n}{a_n}$（ただし，分母がすべて0のときは $x_1 \sim x_n$ は任意，それ以外で分母に0の項があるときはその項の分子を0とする．）のとき成り立つ．

すでに Jensen の不等式を使った証明を，§4 でしていますが，その他に大切な証明法が2つありますので，そちらをまず紹介しましょう．

1. 証明とイメージ

証明その1は，平方の和≧0 を利用するという，大変に素朴な方法です．

☆式で，左辺−右辺 $= \sum\limits_{i \neq j}(a_ix_j-a_jx_i)^2 \geq 0$

で，終了です．ただし，ここで，$\sum$ の下の $i \neq j$ とは，「$1 \leq i < j \leq n$ であるようなすべての組 (i, j) について，$(a_ix_j-a_jx_i)^2$ の和をとる」という意味です．多少書き並べれば，

$$(a_1x_2-a_2x_1)^2+(a_1x_3-a_3x_1)^2+\cdots+(a_1x_n-a_nx_1)^2$$
$$+(a_2x_3-a_3x_2)^2+(a_2x_4-a_4x_2)^2+\cdots+(a_2x_n-a_nx_2)^2$$
$$+\cdots+(a_{n-1}x_n-a_nx_{n-1})^2 \geq 0$$

となります．

言われてみれば各項を比較して，「成程，左辺−右辺 はこのように式変形

できるな…」と納得しても，初心のうちは自力で思いつくのは大変かもしれません．

でも，「☆のような大切な式が，単に 左辺－右辺 を平方の和に直すだけで示せる」という認識は大切です．

＊　　　＊　　　＊

もう1つは，2次方程式の判別式を使う方法です．$a_1 \sim a_n$ がすべて0のときは☆の成立は自明（等号が成立）ですから，それ以外のときを考えます．

$$f(t)=(a_1t-x_1)^2+(a_2t-x_2)^2+\cdots+(a_nt-x_n)^2=0 \quad \cdots\cdots\cdots\text{①}$$

を t の2次方程式と見ます．

すると，各（　）の中が同時に0になる場合以外，この2次方程式は（正値になるので）解をもちません．

$$f(t)=(a_1{}^2+a_2{}^2+\cdots+a_n{}^2)t^2$$
$$-2(a_1x_1+a_2x_2+\cdots+a_nx_n)t+(x_1{}^2+x_2{}^2+\cdots+x_n{}^2)$$

ですから，判別式 D は，

$D \leq 0$ 即ち，$D/4 \leq 0$ で

$$(a_1x_1+a_2x_2+\cdots+a_nx_n)^2 \leq (a_1{}^2+a_2{}^2+\cdots+a_n{}^2)(x_1{}^2+x_2{}^2+\cdots+x_n{}^2)$$

となります．これが，コーシー・シュワルツの不等式です．等号の成立は，$f(t)=0$ が重解をもつとき，即ち，①式の（　）内が同時に0となるときで，このとき，$(t=)\dfrac{x_1}{a_1}=\dfrac{x_2}{a_2}=\cdots=\dfrac{x_n}{a_n}$（ただし，分母に0の項があるときはその項の分子を0とする）となりますね．

＊　　　＊　　　＊

ところで，この不等式は，図形的意味がはっきりしていることでも有名です．つまり，$n=3$ の場合を例にとると，

$$\vec{p}=(a_1,\ a_2,\ a_3),\ \vec{q}=(x_1,\ x_2,\ x_3)$$

この2つのなす角を θ とすると，

$$\vec{p}\cdot\vec{q}=|\vec{p}||\vec{q}|\cos\theta$$

です．両辺を2乗して，

$$(\vec{p}\cdot\vec{q})^2=|\vec{p}|^2|\vec{q}|^2\cos^2\theta \leq |\vec{p}|^2|\vec{q}|^2$$

　　　　　（等号は $\cos\theta=\pm1$ のとき成立）

これを成分表示で表すと，

$$(a_1x_1+a_2x_2+a_3x_3)^2 \leq (a_1{}^2+a_2{}^2+a_3{}^2)(x_1{}^2+x_2{}^2+x_3{}^2)$$

§6　コーシー・シュワルツの不等式

と，コーシー・シュワルツの不等式になり，$\cos\theta = \pm 1$ とは，$\vec{p}$ と $\vec{q}$ の方向の一致，つまり，

$$\frac{x_1}{a_1} = \frac{x_2}{a_2} = \frac{x_3}{a_3}$$

を表します．

ただし，$n \geq 4$ になると「4次元ベクトルって？」と図形的意味としてはわかりにくくなってきますから，これは証明ではなく，「大切なイメージ」としておぼえた方がよいでしょう．つまり，

「n 次元ベクトルでは，
（内積）$^2 \leq$（2つのベクトルの絶対値の2乗の積）」

これが，コーシー・シュワルツの不等式の，図形的"イメージ"です

2．次々と問題を解いてみる

コーシー・シュワルツの不等式についても，やはり自分のものにするには，まず「あてはめ」で慣れることが必要です．

問題1

次の各問いに答えよ．

（1） x, y は正の数で，$x + 2y = 1$ とする．$\dfrac{1}{x} + \dfrac{2}{y}$ の最小値を求めよ．
（02　帝京大）

（2） $x > 0, y > 0$，$\dfrac{1}{x} + \dfrac{9}{y} = 1$ のとき，$x + y$ の最小値を求めよ．
（03　麻布大）

（3） $\sqrt{2x} + \sqrt{3y} \leq k\sqrt{x + 4y}$ がすべての正の実数 x, y について成り立つような実数 k の最小値を求めよ．　（03　鈴鹿医療科学大・改）

（4） すべての正の実数 x, y に対し，$\sqrt{x} + \sqrt{y} \leq k\sqrt{2x + y}$ が成り立つような実数 k の最小値を求めよ．
（95　東大）

（5） 正の実数 a, b, c が $a + 5b + 7c = 12$ を満たすとき，$\sqrt{a} + \sqrt{5b} + \sqrt{7c}$ の最大値を求めよ．　（07　鳥取大・一部略）

（6） 正の数 x, y, z について，$x^2 + y^2 + z^2 = 1$ のとき，$x + 2y + 2z$ の最大値を求めよ．

単なるあてはめより，最大・最小の方が"見抜く眼力"を必要とするだけに，慣れるにはうってつけです．

典型的なタイプのみ選んだので，ぜひ自力で考えてから，次の解説を読んでください．

【解説】

以下の解説では，一々「コーシー・シュワルツの不等式より」と書いていたのではくどいので，この文句は省略することにします．

では，次々と解きますと…

（1） $\{(\sqrt{x})^2+(\sqrt{2y})^2\}\left\{\left(\dfrac{1}{\sqrt{x}}\right)^2+\left(\sqrt{\dfrac{2}{y}}\right)^2\right\}$

$\qquad\qquad \geq \left(\sqrt{x}\dfrac{1}{\sqrt{x}}+\sqrt{2y}\sqrt{\dfrac{2}{y}}\right)^2$

∴ $(x+2y)\left(\dfrac{1}{x}+\dfrac{2}{y}\right)\geq(1+2)^2$ ∴ $\dfrac{1}{x}+\dfrac{2}{y}\geq 9$

等号は $x=y=\dfrac{1}{3}$ のとき成立するので，最小値は **9**．

（2） $(x+y)\left(\dfrac{1}{x}+\dfrac{9}{y}\right)\geq\left(\sqrt{x}\dfrac{1}{\sqrt{x}}+\sqrt{y}\sqrt{\dfrac{9}{y}}\right)^2=16$

よって，$x+y\geq 16$ で最小値 **16**．（等号は $x=4$, $y=12$ で成立）

（3） $\left\{(\sqrt{2})^2+\left(\dfrac{\sqrt{3}}{2}\right)^2\right\}\{(\sqrt{x})^2+(2\sqrt{y})^2\}\geq(\sqrt{2x}+\sqrt{3y})^2$

{ }の中を整理してから（両辺とも正なので）2分の1乗すると，

$\qquad \dfrac{\sqrt{11}}{2}\sqrt{x+4y}\geq\sqrt{2x}+\sqrt{3y}$ ∴ $\dfrac{\sqrt{2x}+\sqrt{3y}}{\sqrt{x+4y}}\leq\dfrac{\sqrt{11}}{2}$

ここで等号は，$\sqrt{2}:\sqrt{x}=\dfrac{\sqrt{3}}{2}:2\sqrt{y}$ すなわち，$x:y=32:3$ のとき成立する．

よって k の最小値は $\dfrac{\sqrt{11}}{2}$ （$\dfrac{\sqrt{11}}{2}$ 未満に設定すると，たとえば $x=32$, $y=3$ のとき成り立たない）．

⇨**注** 答案にするときは，k が $\dfrac{\sqrt{11}}{2}$ 未満では成り立たない (x, y) があることにふれておいた方が無難．コーシー・シュワルツの不等式だけで答をかくと，論理的に不正確だとして減点されるおそれがあります．

（4） （3）と同趣旨．
$$\left\{\left(\frac{1}{\sqrt{2}}\right)^2+1^2\right\}\{(\sqrt{2x})^2+(\sqrt{y})^2\}\geqq(\sqrt{x}+\sqrt{y})^2$$
$$\therefore \quad \frac{3}{2}(2x+y)\geqq(\sqrt{x}+\sqrt{y})^2$$

より，$\dfrac{\sqrt{x}+\sqrt{y}}{\sqrt{2x+y}}\leqq\dfrac{\sqrt{6}}{2}$ （等号は $x:y=1:4$ のとき）

よって，（3）と同様に，k の最小値は $\dfrac{\sqrt{6}}{2}$．

（5） 一応律儀にやると，
$$(1^2+1^2+1^2)\{(\sqrt{a})^2+(\sqrt{5b})^2+(\sqrt{7c})^2\}\geqq(\sqrt{a}+\sqrt{5b}+\sqrt{7c})^2$$
$$\therefore \quad (\sqrt{a}+\sqrt{5b}+\sqrt{7c})^2\leqq 3(a+5b+7c)=36$$
$$\therefore \quad \sqrt{a}+\sqrt{5b}+\sqrt{7c}\leqq 6$$

（等号は $\sqrt{a}=\sqrt{5b}=\sqrt{7c}$ つまり，$a=4$，$b=\dfrac{4}{5}$，$c=\dfrac{4}{7}$ のとき成立）よって，最大値は **6**．

▷**注** 実は $a=A$，$5b=B$，$7c=C$ とおくと，$A+B+C=12$ のとき，$\sqrt{A}+\sqrt{B}+\sqrt{C}$ の最大値を求める問題となり，1，5，7 の設定は見掛け倒し．

（6） $(1^2+2^2+2^2)(x^2+y^2+z^2)\geqq(x+2y+2z)^2$ より
$$x+2y+2z\leqq 3 \quad \text{よって，最大値は } \mathbf{3}．$$
等号は $x:y:z=1:2:2$ $\left(x=\dfrac{1}{3}, y=z=\dfrac{2}{3}\right)$ で成立．

*　　　　*　　　　*

こうして見ると，コーシー・シュワルツの不等式は主として，
(a, b, c, d を定数として)

① $ax+by$，$\dfrac{c}{x}+\dfrac{d}{y}$ のうち一方の値がわかっているとき，他方の値の最小値を求める．

② $\dfrac{\sqrt{cx}+\sqrt{dy}}{\sqrt{ax+by}}$ の形の式の最大値を求める．

③ 2乗の和，1次式（$ax+by+cz$ の形）のうち一方の値がわかっているとき，他方の最大（小）値を求める．

の形で使われていることがわかりますね．

3. 難問への挑戦

徐々に難度を上げていくことにしましょう．

問題 2

実数 a_1, a_2, a_3, a_4, a_5 が
$$a_1+a_2+a_3+a_4+a_5=10 \quad \cdots\cdots\cdots ①$$
$$a_1{}^2+a_2{}^2+a_3{}^2+a_4{}^2+a_5{}^2=25 \quad \cdots\cdots\cdots ②$$
を満たすとき，a_5 の最大値を求めよ．

（出典は昔の早稲田・政経）

a_5 が主役なのですから，a_5 をうまく"取り出す"ような感覚で不等式を作らないといけません．

【解説】
コーシー・シュワルツの不等式より，
$$(a_1{}^2+a_2{}^2+a_3{}^2+a_4{}^2)(1^2+1^2+1^2+1^2) \geq (a_1+a_2+a_3+a_4)^2$$
よって，①，②より，$(25-a_5{}^2) \times 4 \geq (10-a_5)^2$
$$\therefore\ 5a_5{}^2-20a_5 \leq 0,\ a_5(a_5-4) \leq 0$$
より，$0 \leq a_5 \leq 4$，よって a_5 の最大値は **4**．

（これは，$a_1=a_2=a_3=a_4=\dfrac{3}{2}$ のとき確かに成り立つ）

このように，一目で「ひょっとしたらコーシー・シュワルツかな」と思えるような不等式はよいのですが，次のようなものは，手強いかもしれません．

問題 3

正の数 x, y, z について，
$$\frac{x}{y+z}+\frac{y}{z+x}+\frac{z}{x+y} \geq \frac{3}{2}$$
であることを示せ．

（Nesbitt の不等式）

よく知られた有名不等式で，様々な証明法があるのですが，ここでは，コーシー・シュワルツを使ってみます．

【解説】

$$\{(\sqrt{x(y+z)})^2+(\sqrt{y(z+x)})^2+(\sqrt{z(x+y)})^2\}$$
$$\times\left\{\left(\sqrt{\frac{x}{y+z}}\right)^2+\left(\sqrt{\frac{y}{z+x}}\right)^2+\left(\sqrt{\frac{z}{x+y}}\right)^2\right\}$$
$$\geq\left(\sqrt{x(y+z)}\sqrt{\frac{x}{y+z}}+\sqrt{y(z+x)}\sqrt{\frac{y}{z+x}}+\sqrt{z(x+y)}\sqrt{\frac{z}{x+y}}\right)^2$$

よって,
$$\{x(y+z)+y(z+x)+z(x+y)\}\times 与式左辺\geq(x+y+z)^2$$
$$\therefore\ 2(xy+yz+zx)\times 与式左辺\geq(x+y+z)^2\ \cdots\cdots\cdots\cdots①$$

ところがここで,
$$(x+y+z)^2\geq 3(xy+yz+zx)\ \cdots\cdots\cdots\cdots\cdots\cdots\cdots\cdots②$$
$$(\Longleftrightarrow x^2+y^2+z^2\geq xy+yz+zx)$$

で,①,②の両辺はすべて正だから,辺々かけると,
$$2(xy+yz+zx)(x+y+z)^2\times 与式左辺\geq 3(xy+yz+zx)(x+y+z)^2$$

あとは両辺を $(xy+yz+zx)(x+y+z)^2$ で割って,証明すべき式を得ます.

最初の式がいかつく見える人もいるでしょうが,慣れてくると,最初から①が見えるようになる($\frac{x}{y+z}$ に何かかけて x^2 にしたいという感覚)ので,あまり心配しないでよいでしょう.

余裕のある読者は別証明も試みてください.4つも5つも別証のある美しい不等式です.

問題 4

正の数 x, y, z について,次の不等式を証明せよ.
$$\frac{x^2}{y^2}+\frac{y^2}{z^2}+\frac{z^2}{x^2}\geq\frac{x}{y}+\frac{y}{z}+\frac{z}{x}$$

これまたシンプルで,いろいろ別解がありそうです.

【解説】

コーシー・シュワルツの不等式より,
$$(1^2+1^2+1^2)\left(\frac{x^2}{y^2}+\frac{y^2}{z^2}+\frac{z^2}{x^2}\right)\geq\left(\frac{x}{y}+\frac{y}{z}+\frac{z}{x}\right)^2\ \cdots\cdots\cdots\cdots①$$

ここで相加・相乗平均の不等式より，

$$\frac{x}{y}+\frac{y}{z}+\frac{z}{x} \geq 3 \cdot \sqrt[3]{\frac{x}{y} \cdot \frac{y}{z} \cdot \frac{z}{x}} = 3 \quad \cdots\cdots\cdots\cdots\cdots ②$$

①，②より

$$3\left(\frac{x^2}{y^2}+\frac{y^2}{z^2}+\frac{z^2}{x^2}\right) \geq 3\left(\frac{x}{y}+\frac{y}{z}+\frac{z}{x}\right)$$

この両辺を3で割ると，証明すべき式になります．

問題 5

$x_i\ (>0)\ [i=1, 2, \cdots, n]$ について次の不等式を示せ．

$$(x_2+x_1{}^2)(x_3+x_2{}^2)\cdots(x_1+x_n{}^2)$$
$$\geq (x_1+x_1{}^2)(x_2+x_2{}^2)\cdots(x_n+x_n{}^2) \quad \cdots\cdots\cdots(*)$$

これも様々な解法があります．$(*)$の両辺を$x_1 x_2 \cdots x_n$で割ると，

$$\left(1+\frac{x_1{}^2}{x_2}\right)\left(1+\frac{x_2{}^2}{x_3}\right)\cdots\left(1+\frac{x_n{}^2}{x_1}\right) \geq (1+x_1)(1+x_2)\cdots(1+x_n)$$

となるので，これを示すことにしましょう．

【解説】

コーシー・シュワルツの不等式より，

$$(1+x_2)\left(1+\frac{x_1{}^2}{x_2}\right) \geq (1+x_1)^2$$

$$(1+x_3)\left(1+\frac{x_2{}^2}{x_3}\right) \geq (1+x_2)^2$$

$$\cdots$$

$$(1+x_1)\left(1+\frac{x_n{}^2}{x_1}\right) \geq (1+x_n)^2$$

これらn式を辺々かけてから，$(1+x_1)(1+x_2)\cdots(1+x_n)$で両辺を割ると示すべき式が出てきます．

＊ ＊ ＊

だんだんと難しくなってきましたね．問題4，5までくると，何だかパズルでも解いているような感覚です．

では，パズル的問題はこれくらいにして，最後にちょっと不思議な気のする問題を取りあげてみましょう．

§6 コーシー・シュワルツの不等式

4. 不思議な整数問題

> **問題 6**
>
> 3つの非負整数の組 (p, q, r) について次の2つの命題を考える.
> 1° $pr \geq q^2$ が成り立つ.
> 2° $p = x_1^2 + x_2^2 + \cdots + x_n^2,$
> $q = x_1 y_1 + x_2 y_2 + \cdots + x_n y_n,$
> $r = y_1^2 + y_2^2 + \cdots + y_n^2$
>   をみたす自然数 n, および整数 $x_1 \sim x_n, y_1 \sim y_n$ が存在する.
>
> (1) q が p, q, r の中で最小 (のうちの1つ) のとき, 2° が成立することを, 具体例を作って示せ.
> (2) 2° が成立するような (p, q, r) について,
> $(p', q', r') = (p + 2q + r, q + r, r)$ についても, 2° が成立することを示せ.
> (3) 非負整数の組 (p, q, r) について 1° ならば 2° を示せ.

昔の数学オリンピックの候補問題に誘導をつけました. (3) が目標となります. 2° ⇒ 1° はコーシー・シュワルツそのものですが, 逆に $pr \geq q^2$ をみたす任意の整数 $p \sim r$ に対して, 2° の形の $x_1 \sim x_n, y_1 \sim y_n$ が必ずあるというのは驚きですね.

【略解】
(1) $p = 0$ のときは q の最小性から q も 0, そこで, $n = r, x_1 \sim x_n$ はすべて 0. $y_1 \sim y_n$ はすべて 1 とすればよい.

$p \geq 1$ のときは, $n = p - q + r$. $x_1 \sim x_p$ はすべて 1. $x_{p+1} \sim x_n$ はすべて 0. $y_1 \sim y_n$ については, $y_{n-r+1} \sim y_n$ をすべて 1, その他はすべて 0 とすればよい. (以上より, q が $p \sim r$ のうち最小のものの 1 つのときは常に 2° が成り立つ. 特に $q = 0$ の場合も O.K.)

(2) $p + 2q + r = (x_1 + y_1)^2 + \cdots + (x_n + y_n)^2$
   $q + r = (x_1 + y_1) y_1 + \cdots + (x_n + y_n) y_n$
   $r = \quad\quad y_1^2 + \cdots + \quad y_n^2$

となるので O.K.

(3) $p + r$ についての数学的帰納法で示す.

Ⅰ．$p+r=0$ のとき，$p=q=r=0$ で，このとき，$n=1$，$x_1=0$，$y_1=0$ とでもすれば $2°$ は成立．

Ⅱ．$p+r\leqq k$（k は非負整数）なるすべての (p, q, r) について $2°$ の成立を仮定する．

このとき，$a+c=k+1$ と，$1°$ つまり $ac\geqq b^2$ をみたす任意の (a, b, c) について，$2°$ の成立をいえばよい．そこで，a, b, c の大小関係で場合を分ける．

〔1〕 $ac\geqq b^2$ より b が単独で最大のケースはない．

〔2〕 b が最小（のうちの1つ）のときは(1)より，$2°$ の成立はすでに示されている．（特に $b=0$ のときも）

〔3〕（残りは $b\neq 0$ で，$a\geqq b\geqq c$，$a\leqq b\leqq c$ の 2 つ）$a\geqq b\geqq c$ の場合．〔このケースの証明がメイン〕

$(a', b', c')=(a-2b+c, b-c, c)$ を考える．

このとき，$a'c'-b'^2=(a-2b+c)c-(b-c)^2=ac-b^2\geqq 0$ ……………①

$a'=a-2b+c\geqq 2(\sqrt{ac}-b)\geqq 0$，$b'=b-c\geqq 0$，$c'=c\geqq 0$ より，$a', b', c'\geqq 0$
………②

$a'+c'=a-2b+2c=(a+c)-(b-c)-b=(k+1)-(b-c)-b\leqq k$ …③

③の条件下で①，②を考えると，帰納法の仮定より，(a', b', c') には $2°$ が成立するような $x_1\sim x_n$，$y_1\sim y_n$ が存在する．このとき，(2)を使えば，$(a, b, c)=(a'+2b'+c', b'+c', c')$ についても $2°$ が成立する．

$a\leqq b\leqq c$ の場合も，$1°$，$2°$ の a, c についての対等性を考えれば，$2°$ が成立する．

以上より，$a+c=k+1$ なるすべての (a, b, c) について，$1°\Rightarrow 2°$ が示されたので，数学的帰納法により，題意は示された．

§7 並べかえの不等式

数Ⅱ

今回扱う不等式は，再配列（rearrangement）の不等式と呼ばれます．しかし，日本名は確立されたものがないようなので，仮に「並べかえの不等式」と名付けて話をすすめます．

この不等式のイメージは，お金を使って解説すると，面白く明瞭です．

$$\begin{array}{l}\text{上組} \\ \text{下組}\end{array} \begin{pmatrix} 100\text{円玉} & 50\text{円玉} & 10\text{円玉} \\ 30\text{枚} & 10\text{枚} & 1\text{枚} \end{pmatrix}$$

と書いておいて，上組の1つと下組の1つをまず勝手に選びます．次に残った中から，また1つずつ選んで組合せます．最後に残ったもの同士を組合せます．

すると例えば，

$$\begin{pmatrix} 100\text{円玉} & 50\text{円玉} & 10\text{円玉} \\ \downarrow & \downarrow & \downarrow \\ 1\text{枚} & 10\text{枚} & 30\text{枚} \end{pmatrix}$$

のような対応ができますから，このように対応させたとき，もらえる金額は，$100\times 1+50\times 10+10\times 30=900$（円）であるとします．

では，上組と下組をどのように対応させたとき，1番多くのお金をもらえるか？…決まってますね．

私なら，まず100円玉を最も多く30枚ワシづかみ．次に50円玉をなるべく多く10枚とります．

つまり，大きい金額のものは，多くとった方が得である．
$100\times 30+50\times 10+10\times 1$（円）をもらいたい!!

ですから，同様に，$a>b>c$, $d>e>f$ なる数字が与えられ

$$\begin{array}{l}\text{上組} \\ \text{下組}\end{array} \begin{pmatrix} a & b & c \\ d & e & f \end{pmatrix}$$

について，1つずつ対応させ，"かけあわせてから足す"とき，1番大きい組合せは $ad+be+cf$ （大きいもの同士組合せるのが得）ということになりそうです．

この原理を発展させると….

1．並べかえの不等式

問題を見てもらった方が話ははやいでしょう．

> **問題1**
>
> $2n$ 個の実数 a_1, a_2, $\cdots$, a_n および b_1, b_2, $\cdots$, b_n が不等式
> $$a_1 > a_2 > \cdots > a_n,\ b_1 > b_2 > \cdots > b_n$$
> をみたすとする．
> $b_1 \sim b_n$ の勝手な並べかえを c_1, c_2, $\cdots$, c_n とするとき，次の不等式を示せ．
> （1） $a_1b_1 + a_2b_2 + \cdots + a_nb_n \geqq a_1c_1 + a_2c_2 + \cdots + a_nc_n$
> （2） $a_1b_n + a_2b_{n-1} + \cdots + a_nb_1 \leqq a_1c_1 + a_2c_2 + \cdots + a_nc_n$
>
> （00 お茶の水女子大，98 鳥取大などが同趣旨）

要するに，「大きいもの同士，小さいもの同士組んだものが最大」，「逆順に組合せたものが最小」ということです．普通は次のように解答します．

【解説】

一般に，$p > q$, $r > s$ のとき，
$$(pr + qs) - (ps + qr) = (p - q)(r - s) > 0$$
だから，$pr + qs > ps + qr$ ……………………………………①

（1） $a_1c_1 + a_2c_2 + \cdots + a_nc_n$ について

$(b_1, b_2, \cdots, b_n)$ と $(c_1, c_2, \cdots, c_n)$ が同じであれば，（1）の不等式で等号が成立する．

同じでなければ，$c_i < c_j$ $(i < j)$ なる2数が存在するので，①を用いると，
$$a_ic_i + a_jc_j < a_ic_j + a_jc_i$$
である．よって，c_i と c_j を入れかえた方が，和は大きくなる．

$(b_1, b_2, \cdots, b_n)$ と $(c_1, c_2, \cdots, c_n)$ が全く同じにならない限り，この操作（入れかえ）をくりかえすことで和は増加していく．この操作の有限回のくりかえしにより，$(c_1, c_2, \cdots, c_n)$ は $(b_1, b_2, \cdots, b_n)$ に一致するので，
$$a_1b_1 + a_2b_2 + \cdots + a_nb_n \geqq a_1c_1 + a_2c_2 + \cdots + a_nc_n$$
が成り立つ．

（2） （1）と同様なので省略．

* * *

§7 並べかえの不等式

このように,「交換の操作」を有限回行うことで,どんどん和を大きく（小さく）していくことができるというのが,証明法の骨子なのですが,これを書くのはなかなか大変です.そこで,別証明を考えてみます.

2. 問題1の不等式の別証明（$a_1b_1+\cdots+a_nb_n$ の式変形）

実は,$a_1b_1+a_2b_2+\cdots+a_nb_n$ という形の式には,ちょっと面白い式変形の方法があります.

問題2

次の等式を示せ.
$$a_1b_1+a_2b_2+\cdots+a_nb_n$$
$$=(a_1-a_2)b_1+(a_2-a_3)(b_1+b_2)+(a_3-a_4)(b_1+b_2+b_3)$$
$$+\cdots+(a_{n-1}-a_n)(b_1+\cdots+b_{n-1})+a_n(b_1+b_2+\cdots+b_n)$$

与えられた等式を示すだけなら簡単です.なお,上式をシグマを用いて表すと,$\sum_{k=1}^{n}a_kb_k=\sum_{k=1}^{n-1}(a_k-a_{k+1})\sum_{l=1}^{k}b_l+a_n\sum_{k=1}^{n}b_k$ となります.

【解説】

a_1 の係数は,左辺でも右辺でも b_1 である.

a_i $(i\neq 1)$ の係数は,左辺では b_i,右辺では,$\sum_{k=1}^{i}b_k-\sum_{k=1}^{i-1}b_k=b_i$ となって,やはり等しい.

よって,展開したとき,$a_1 \sim a_n$ の係数が左辺と右辺ですべて等しくなるので,この式は恒等式である.

*　　　　　*　　　　　*

しかし,やったあとで2つの疑問が残るでしょう.
① どうやっておぼえたらいいの？（複雑だァ…）
② 何の役に立つの？

そこで,まず①の質問に答えると,実は,右のような図を描けば,すぐわかるので,2,3回この図を自分で描いてみればよいのです.

右図太枠内の図形の面積は,

（たてに見れば）$a_1b_1+a_2b_2+a_3b_3+a_4b_4$

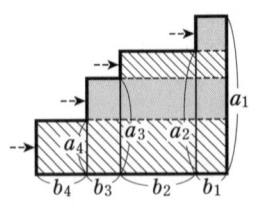

（横に［矢印の方向から］見れば）
$$(a_1-a_2)b_1+(a_2-a_3)(b_1+b_2)+(a_3-a_4)(b_1+b_2+b_3)$$
$$+a_4(b_1+b_2+b_3+b_4)$$
で，両者は等しい．

これを一般化したのが問題 2 の等式です．

次に，質問②に答えるため，問題 1 の別解を用意しました．すごい威力をトクとご覧ください．

【問題 1 の別解】
（1） 問題 2 の式変形を用いて，
$$左辺=(a_1-a_2)b_1+(a_2-a_3)(b_1+b_2)$$
$$+\cdots+(a_{n-1}-a_n)(b_1+\cdots+b_{n-1})+a_n(b_1+\cdots+b_n)$$
$$右辺=(a_1-a_2)c_1+(a_2-a_3)(c_1+c_2)$$
$$+\cdots+(a_{n-1}-a_n)(c_1+\cdots+c_{n-1})+a_n(c_1+\cdots+c_n)$$
$$\therefore 左辺-右辺=\sum_{i=1}^{n-1}(a_i-a_{i+1})\underline{\left(\sum_{j=1}^{i}b_j-\sum_{j=1}^{i}c_j\right)}+a_n\left(\sum_{j=1}^{n}b_j-\sum_{j=1}^{n}c_j\right)\quad\cdots\cdots\text{☆}$$

ここで，b_1, b_2, $\cdots$, b_n は大きい順に並んでおり，$c_1\sim c_n$ はその並べかえだから―部は明らかに非負であり，a_i-a_{i+1} ももちろん正です．

また，$\sum_{j=1}^{n}b_j=\sum_{j=1}^{n}c_j$ （$c_1\sim c_n$ は $b_1\sim b_n$ の並べかえだから総和は等しい）より，最後の項は 0 です．

よって ☆ $\geqq 0$

少し詳しく書きすぎた感もありますが，（2）の場合は今度は b_n, b_{n-1}, $\cdots$, b_1 が小さい順に並ぶので，$\sum_{j=n-i+1}^{n}b_j-\sum_{j=n-i+1}^{n}c_j\leqq 0$ から，☆ $\leqq 0$ がいえることになります．

3. $a_1b_1+a_2b_2+\cdots+a_nb_n$ の式変形の応用

せっかくですから，この式変形が役に立つ例を，もう 2 つほどあげておきましょう．

問題 3

a_1, a_2, a_3, a_4, b_1, b_2, b_3, b_4 は実数で，$b_1\geqq b_2\geqq b_3\geqq b_4>0$ とする．

$$\sum_{k=1}^{4}a_kb_k>0 \text{ かつ } \sum_{k=1}^{n}a_kb_k\leqq 0 \quad (n=1,\ 2,\ 3)$$

ならば，$\sum_{k=1}^{4} a_k > 0$ であることを示せ．

（80　お茶の水女子大）

ちなみに，このお茶の水女子大も不等式が好きな学校の1つで，出題例が多くあります．

【解説】

$\frac{1}{b_k} = c_k$，$a_k b_k = d_k$ として与えられた条件式を書き直すと，
$c_4 \geqq c_3 \geqq c_2 \geqq c_1 > 0$ で，$d_1 \leqq 0$，$d_1 + d_2 \leqq 0$，$d_1 + d_2 + d_3 \leqq 0$，
$d_1 + d_2 + d_3 + d_4 > 0$

ここで，$a_k = c_k d_k$ ですから，問題2の等式を用いて，
$a_1 + a_2 + a_3 + a_4 = c_1 d_1 + c_2 d_2 + c_3 d_3 + c_4 d_4$
$= (c_1 - c_2) d_1 + (c_2 - c_3)(d_1 + d_2) + (c_3 - c_4)(d_1 + d_2 + d_3)$
$\qquad + c_4 (d_1 + d_2 + d_3 + d_4)$ ……………………………………①

ここで，$c_1 - c_2 \leqq 0$，$d_1 \leqq 0$ より第1項は非負，同様に第2，3項も与えられた条件からすべて非負になります．第4項は，$c_4 > 0$，$d_1 + d_2 + d_3 + d_4 > 0$ より正ですから，①> 0．

よって，$a_1 + a_2 + a_3 + a_4 > 0$ となり，題意が成立します．

これでも相当な難問ですが，次の東工大の問題にはびっくりしました．

問題4

n を2以上の整数とし，$3n$ 個の実数 a_1, a_2, $\cdots$, a_n, x_1, x_2, $\cdots$, x_n, y_1, y_2, $\cdots$, y_n が

$0 < a_1 \leqq a_2 \leqq \cdots \leqq a_n$ および n 個の不等式

$\sum_{i=1}^{j} a_i x_i \leqq \sum_{i=1}^{j} a_i y_i$　$(j = 1, 2, \cdots, n)$

をみたしているならば，$\sum_{i=1}^{n} x_i \leqq \sum_{i=1}^{n} y_i$

であることを証明せよ．　　　　　　　（08　東工大／ヒント省略）

試験場で出くわしたらギョッとしそうですが，先程の式変形と数学的帰納法を用いると，"可愛い問題" に変身します．

【解説】 数学的帰納法により示す.

$a_1 x_1 \leq a_1 y_1$ より $a_1(x_1 - y_1) \leq 0$

ここで, $a_1 > 0$ だから, $x_1 - y_1 \leq 0$

1° $n = 2$ のときの成立を示す.

$a_1 x_1 + a_2 x_2 \leq a_1 y_1 + a_2 y_2$
$\iff a_1(x_1 - y_1) + a_2(x_2 - y_2) \leq 0$
$\iff \underline{(a_1 - a_2)(x_1 - y_1)} + a_2\{(x_1 + x_2) - (y_1 + y_2)\} \leq 0$

において, ―――部 ≥ 0, $a_2 > 0$ だから, $x_1 + x_2 \leq y_1 + y_2$ が必要である.

2° $n < k$ (k は 3 以上の自然数) での成立を仮定する.

つまり $\sum_{p=1}^{i} x_p \leq \sum_{p=1}^{i} y_p$ ($i = 1, 2, \cdots, k-1$)

このとき, 条件より,

$\sum_{i=1}^{k} a_i(x_i - y_i) \leq 0$ を先程のように式変形して,

$\underbrace{\sum_{i=1}^{k-1} \underbrace{(a_i - a_{i+1})}_{①} \underbrace{\left\{\sum_{p=1}^{i}(x_p - y_p)\right\}}_{②}}_{③} + a_k\left(\sum_{i=1}^{k} x_i - \sum_{i=1}^{k} y_i\right) \leq 0$

ここで ① ≤ 0, ② ≤ 0 なので ③ ≥ 0

よって, $a_k\left(\sum_{i=1}^{k} x_i - \sum_{i=1}^{k} y_i\right) \leq 0$ だが, $a_k > 0$ より,

$\sum_{i=1}^{k} x_i \leq \sum_{i=1}^{k} y_i$

以上より, 数学的帰納法を用いて題意が成り立つ. //

4. 並べかえの不等式の適用

話が $a_1 b_1 + a_2 b_2 + \cdots + a_n b_n$ の式変形の方へそれました. 寄り道はここで止めて, 本題に戻りましょう.

まず, 一般の大学入試では, ほぼ出題が $n = 3$ くらいまでに限られますので, $n = 2$, $n = 3$ について, 並べかえの不等式を次のような形で書いてみます.

(問題1の別解は, $a_1 > a_2 > \cdots$ のように等号がない場合だけでなく, $a_1 \geq a_2 \geq \cdots$ のように拡張しても有効なので, 以後, 等号付きで扱います.)

---定理（*）---

1 $n=2$ の場合

実数 a, b, x, y につき，$a \geq b, x \geq y$ ならば
$$ax+by \geq ay+bx$$

2 $n=3$ の場合

実数 a, b, c, x, y, z につき，$a \geq b \geq c, x \geq y \geq z$ ならば，(x, y, z) の任意の並べかえを (u, v, w) として，
$$ax+by+cz \geq au+bv+cw \geq az+by+cx$$

では，これを用いて，次々に問題を解くことにします．

問題 5

$a \geq b \geq c, x \geq y \geq z$ のとき，次の不等式を示せ．
$$\frac{a+b+c}{3} \cdot \frac{x+y+z}{3} \leq \frac{ax+by+cz}{3}$$

（01 愛知大）

【解説】

定理（*）から天降り的に解くと，2 より，

$ax+by+cz \geq ax+bz+cy$
$ax+by+cz \geq az+by+cx$
$ax+by+cz \geq ay+bx+cz$

この3式を辺々足してから，$9(=3\times3)$ で割り，右辺を因数分解すると，証明すべき式になります．

でも，基本に戻って $9\times$左辺$-9\times$右辺≤ 0 を示すのもよいでしょう．この場合は，

$9($左辺$-$右辺$)=(a+b+c)(x+y+z)-3(ax+by+cz)$
$\quad = -\{(a-b)(x-y)+(b-c)(y-z)+(c-a)(z-x)\} \leq 0$

と変形することになります．

*　　　　*　　　　*

ところで，この式は，

〔$(a\sim c)$ の平均〕$\times$〔$(x\sim z)$ の平均〕$\leq$〔ax, by, cz の平均〕

という形をしています．これと同様に

〔$(a\sim c)$ の平均〕$\times$〔$(x\sim z)$ の平均〕$\geq$〔az, by, cx の平均〕

も成り立ちます．

この不等式を，チェビシェフの不等式と呼びます．

もちろん，チェビシェフの不等式は，$n=2$ の場合にも同様のものを作ることができ，この場合は，$\dfrac{ay+bx}{2} \leqq \dfrac{a+b}{2} \cdot \dfrac{x+y}{2} \leqq \dfrac{ax+by}{2}$ です．

入試では，この「チェビシェフタイプ」が主流で，例えば次のような問題の背景になっています．

問題 6

（1） $a \geqq b \geqq c$，$x \geqq y \geqq z$，$x+y+z=0$ ならば $ax+by+cz \geqq 0$ であることを証明せよ．

(大昔の名古屋大)

（2） 正数 a，b，c に対して，以下の不等式が成り立つことを示せ．
$$3(a^4+b^4+c^4) \geqq (a+b+c)(a^3+b^3+c^3)$$

(07 和歌山県医大・改)

【解説】

（1） これは問題5で証明した愛知大の不等式に，$x+y+z=0$ を代入するだけの話です．（以下省略）

（2） 証明すべき不等式は a，b，c について対称な式（どの2つを交換しても意味が同じまま）なので，$a \geqq b \geqq c$ と設定してから証明しても，一般性を失いません．このとき，$a^3 \geqq b^3 \geqq c^3$ であり，

$$\dfrac{a+b+c}{3} \cdot \dfrac{a^3+b^3+c^3}{3} \leqq \dfrac{a \cdot a^3 + b \cdot b^3 + c \cdot c^3}{3}$$

ですが（問題5の不等式に単にあてはめただけ），両辺を9倍して，題意の不等式を得ます．

（2）のタイプの不等式はとても大切で，これを一般に拡張すると，

自然数 m，n と正の数 a，b，c について，

① $\dfrac{a^m+b^m+c^m}{3} \cdot \dfrac{a^n+b^n+c^n}{3} \leqq \dfrac{a^{m+n}+b^{m+n}+c^{m+n}}{3}$

② $\dfrac{a^{m+n}+b^{m+n}+c^{m+n}}{a^m+b^m+c^m} \geqq \dfrac{a^n+b^n+c^n}{3}$

（②は①を変形しただけ）

---

§7 並べかえの不等式　71

となります．2数 a と b のバージョンならば，
$$\frac{a^{m+n}+b^{m+n}}{a^m+b^m} \geq \frac{a^n+b^n}{2} \quad \cdots\cdots\cdots\cdots\cdots\cdots ★$$
となるわけですね．

これから問題を作ると，例えば次のようになります．

問題 7

正の数 a，b が $a+b=1$ を満たすとき，$I=\dfrac{a^5+b^5}{a^3+b^3}$ の最小値を求めよ．

【解説】

まず，上記★より，$\dfrac{a^5+b^5}{a^3+b^3} \geq \dfrac{a^2+b^2}{2}$

次に，コーシー・シュワルツの不等式より，
$(1^2+1^2)(a^2+b^2) \geq (a+b)^2 = 1$

ですから，$I \geq \dfrac{1}{4}$ $\left(\text{等号は } a=b=\dfrac{1}{2} \text{ のとき}\right)$ です．

最小値は $\dfrac{1}{4}$．

それでは，最後にちょっと風変わりな『相加・相乗平均の不等式の証明』をしてみましょう．

5. 並べかえの不等式 ⇨ 相加・相乗平均の不等式

問題 8

次の各問いに答えよ．
(1) a，b，c は正の数とする．いま，(a, b, c) の適当な並べかえを (x_1, x_2, x_3) とし，$\left(\dfrac{1}{a}, \dfrac{1}{b}, \dfrac{1}{c}\right)$ の適当な並べかえを (y_1, y_2, y_3) とするとき，$x_1 y_1 + x_2 y_2 + x_3 y_3 \geq 3$ を示せ．
(2) a，b，c は正の数とする．いま，3つの数の相乗平均を $p(=\sqrt[3]{abc})$ として，2つの組

$\left(\dfrac{a}{p},\ \dfrac{ab}{p^2},\ \dfrac{abc}{p^3}\right)$, $\left(\dfrac{p}{a},\ \dfrac{p^2}{ab},\ \dfrac{p^3}{abc}\right)$ を考える．

この 2 つの組に並べかえの不等式を適用することで，

$p \leqq \dfrac{a+b+c}{3}$ を示せ．

$a \geqq b \geqq c$ なら $\dfrac{1}{a} \leqq \dfrac{1}{b} \leqq \dfrac{1}{c}$，$c \geqq a \geqq b$ なら $\dfrac{1}{c} \leqq \dfrac{1}{a} \leqq \dfrac{1}{b}$ のように，もとの数の大小順が，逆数の大小順と全く反対になることに注意してください．すると…

【解説】

（1） 前文より，最小の組合せ方は a と $\dfrac{1}{a}$，b と $\dfrac{1}{b}$，c と $\dfrac{1}{c}$ だから

$$x_1 y_1 + x_2 y_2 + x_3 y_3 \geqq a \cdot \dfrac{1}{a} + b \cdot \dfrac{1}{b} + c \cdot \dfrac{1}{c} = 3$$

（2） （1）より，「ある数とその逆数を組合せる」のが，最小数を作る方法なので，

$$\dfrac{a}{p} \cdot \dfrac{p}{a} + \dfrac{ab}{p^2} \cdot \dfrac{p^2}{ab} + \dfrac{abc}{p^3} \cdot \dfrac{p^3}{abc}$$

$$\leqq \dfrac{a}{p} \cdot \dfrac{p^3}{abc} + \dfrac{ab}{p^2} \cdot \dfrac{p}{a} + \dfrac{abc}{p^3} \cdot \dfrac{p^2}{ab} = \dfrac{a+b+c}{p}$$

∴ $3 \leqq \dfrac{a+b+c}{p}$ より $p \leqq \dfrac{a+b+c}{3}$

こうして，並べかえの不等式から，3 数の場合の相加・相乗平均の不等式が証明できました．実はこの方法で n 数の場合の証明も O.K. です．「並べかえの不等式」ってかなり強力なんですね．

§7 並べかえの不等式

§8 不等式証明のテクニック

数Ⅱ，Ⅲ

　基本となる重要不等式は，かなりやりましたので，今回は，不等式の証明法で，大切な目のつけどころをいくつか講義したいと思います．

　今までと異なり，メインテーマが1つではないので，列挙方式で解説していきましょう．ともあれ，一応最初に小見出しを列挙すると，

1. 式，文字の対称性に着目せよ
2. 次数に注目！
3. 同次形にしたい！
4. 同次形不等式での有名手筋
5. 等号成立条件の調査が手法選択のカギ
6. おきかえも意外に有効

ということになります．今まで用いたものも多いのですが，順々にやっていきましょう．

1．式，文字の対称性に着目せよ

　これまでも（前回までに）いくつか扱いましたが，いくつかの文字について対称な形の不等式の証明では，わざと文字のあいだに大小関係を設定するとよいことが多いものです．

問題 1

正の数 a, b, c について，次の不等式を示せ．

$$\frac{a}{b+c} + \frac{b}{c+a} + \frac{c}{a+b} \geq \frac{3}{2}$$

　Nesbitt の不等式と呼ばれる有名不等式です．p.59 でも扱いましたが，今回は別のやり方（前回の「並べかえの不等式」）によって片づけます．

【解説】

証明すべき不等式は a〜c について対称（どの2文字を交換しても全体として式が不変）なので，$a \geq b \geq c$ として一般性を失いません．

$a \geq b \geq c$ のとき，$\dfrac{1}{b+c} \geq \dfrac{1}{c+a} \geq \dfrac{1}{a+b}$

だから，並べかえの不等式では，$\dfrac{a}{b+c}+\dfrac{b}{c+a}+\dfrac{c}{a+b}$ が，6通りの並べかえのうち最大です．そこで，

$$\dfrac{a}{b+c}+\dfrac{b}{c+a}+\dfrac{c}{a+b} \geq \dfrac{c}{b+c}+\dfrac{a}{c+a}+\dfrac{b}{a+b}$$

$$\dfrac{a}{b+c}+\dfrac{b}{c+a}+\dfrac{c}{a+b} \geq \dfrac{b}{b+c}+\dfrac{c}{c+a}+\dfrac{a}{a+b}$$

この2式を辺々足してから両辺を2で割ると，

$$\dfrac{a}{b+c}+\dfrac{b}{c+a}+\dfrac{c}{a+b} \geq \dfrac{1}{2}\left(\dfrac{b+c}{b+c}+\dfrac{c+a}{c+a}+\dfrac{a+b}{a+b}\right)=\dfrac{3}{2} \ /\!/$$

——部がキーポイントだったわけで，並べかえの不等式を用いるのによく使われる手法です．

2．次数に注目！

基本的なことなのですが，実数 $m, n\ (m>n)$ に対し

$\begin{cases} ① \quad 0<x<1 \text{ のとき} \quad x^m<x^n \\ ② \quad x>1 \quad\quad \text{ のとき} \quad x^m>x^n \end{cases}$

です．

問題 2

非負数 $x_i\ (i=1,\ 2,\ \cdots,\ n)$ について，

$$x_1^5+x_2^5+\cdots\cdots+x_n^5=k^5 \quad (k \text{ は定数})$$

が成立している．このとき，次の不等式を示せ．

（1）$x_1^4+x_2^4+\cdots\cdots+x_n^4 \geq k^4$

（2）$x_1^6+x_2^6+\cdots\cdots+x_n^6 \leq k^6$

よく入試に出されるタイプの問題を，やや一般の形に近くして，難度をあげてみました．

【解説】

$\left(\dfrac{x_1}{k}\right)^5 + \left(\dfrac{x_2}{k}\right)^5 + \cdots + \left(\dfrac{x_n}{k}\right)^5 = 1$ より $\dfrac{x_i}{k} = x_i'$ として

$x_1'^5 + x_2'^5 + \cdots\cdots + x_n'^5 = 1$

ここで，明らかに $0 \leqq x_i' \leqq 1$ ですから，各 x_i' について，$x_i'^4 \geqq x_i'^5 \geqq x_i'^6$.
よって，

(1) $x_1'^4 + x_2'^4 + \cdots + x_n'^4 \geqq x_1'^5 + x_2'^5 + \cdots + x_n'^5 = 1$

よって，$\left(\dfrac{x_1}{k}\right)^4 + \left(\dfrac{x_2}{k}\right)^4 + \cdots + \left(\dfrac{x_n}{k}\right)^4 \geqq 1$

ゆえに，$x_1^4 + x_2^4 + \cdots\cdots + x_n^4 \geqq k^4$

(2) (1)と同様なので省略.

このような $0 < x < 1$，$x > 1$ について，x^n の大小感覚があると，次のような問題も，成り立ちを見やぶれます.

問題3

実数 x, y が $x \geqq y \geqq 1$ を満たすとき，次の不等式が成立することを示せ．

$(x+y-1)\log_2(x+y) \geqq (x-1)\log_2 x + (y-1)\log_2 y + y$

(00 京大(後期))

示すべき式が，$(x+y)^{x+y-1} \geqq x^{x-1} y^{y-1} 2^y$ ……………………① と同値であることまでは，京大受験生なら，1分以内にたどりつくでしょう．そこで左辺と右辺をくらべると…

【解説】

左辺は $(x+y)$ について，$(x+y-1)$ 次
右辺は x について， $(x-1)$ 次
　　　y について， $(y-1)$ 次
　　　2 について， y 次

ですから，2も文字のように考えれば，右辺は，$(x-1)+(y-1)+y = x+2y-2$ (次) となり，左辺より次数が高くなってしまいます．そこで，何とか次数を下げるために，2^y のうち $(y-1)$ 次分を y^{y-1} と合体させて，$(2y)^{y-1}$ のようにすれば，次数が左辺と右辺でそろう

なあ…という風な感覚を働かせます．すると，
$$(x+y)^{y-1} \geqq (2y)^{y-1} \quad \cdots\cdots\cdots\cdots\cdots\cdots\cdots\cdots\cdots\cdots\cdots\cdots\cdots ②$$
$$(x+y)^x \geqq (x+1) \cdot (x+1)^{x-1} \geqq 2 \cdot x^{x-1} \quad \cdots\cdots\cdots\cdots\cdots ③$$
となります．

あとは②と③を辺々かけて，①を出し，両辺について2を底とする対数をとれば，終了です．

3. 同次形にしたい！

ところで，今まで扱った大切な不等式（相加・相乗，コーシー・シュワルツ，「並べかえ」）に共通する特徴は何でしょうか？

それは，左辺と右辺が同じ次数であるということです．

とすれば，これらの不等式を利用したいなら，証明すべき不等式も同次形にしたい…

そう考えるのが自然でしょう．

問題 4

3点 A，B，C を頂点とする △ABC において，
$$2AB^2 < (2+AC^2)(2+BC^2)$$
が成り立つことを示せ． （06　山形大・医）

三角形の三辺 a, b, c （$a < b+c$）について，
$$2a^2 < (2+b^2)(2+c^2) \quad \cdots\cdots\cdots\cdots\cdots\cdots\cdots\cdots\cdots\cdots\cdots ①$$
を示せということです．展開すると，右辺は
$$4 + 2(b^2+c^2) + b^2c^2$$
となり，同次形になっていません．これを同次形に直すには？

【解説】
$$b^2c^2 + 4 = (bc)^2 + 2^2 \geqq 2 \cdot \sqrt{(bc)^2 2^2} = 4bc \quad (相加・相乗)$$

そこで，①を示すには，
$$2a^2 < 2(b^2+c^2) + 4bc \iff a^2 < (b+c)^2$$
を示せばよいが，三角形の2辺の和は他の1辺より大きいから，$a < b+c$．よって成立．

　　　　　　　　　＊　　　　＊　　　　＊

　ちなみに，①の左辺$<2(b+c)^2$ですから，
$$2(b+c)^2<(2+b^2)(2+c^2)$$
が示せれば証明が完了しますが，$(2+b^2)(2+c^2)-2(b+c)^2=(bc-2)^2$ とすればできるので，「同次形」という発想の有難味がややうすく感じられる人も多いかもしれません．

　そこで，次の問題はどうでしょうか？

問題 5

正の数 a, b, c が $a^2+b^2+c^2=1$ を満たすとき，
$$\frac{bc}{a}+\frac{ca}{b}+\frac{ab}{c}\geqq\sqrt{3} \quad \cdots\cdots\cdots\cdots\cdots\cdots\cdots☆$$
を示せ．　　　　　　　　　　　　　　　　　（旧ソ連，数オリ予選・改題）

　旧ソ連の数学オリンピック予選を典拠にしていますが，難しくはありません．ただ，左辺を見ると，分母と分子の次数がそろっていないので，そこを何とかせねばならないでしょう．

【解説】
$$☆\iff b^2c^2+c^2a^2+a^2b^2\geqq\sqrt{3}\,abc$$
$$\iff (b^2c^2+c^2a^2+a^2b^2)^2\geqq 3a^2b^2c^2 \quad \cdots\cdots\cdots\cdots\cdots①$$
を示せばよいことになります．

　一見，相加・相乗などで解けそうな気がしますが，それではうまく行きません．左辺と右辺の次数がそろっていないからです．そこで，次数をそろえるために，条件式 $a^2+b^2+c^2=1$ を利用してみます．

　①の右辺に $a^2+b^2+c^2$（$=1$）をかけると，
$$①\iff (b^2c^2+c^2a^2+a^2b^2)^2\geqq 3a^2b^2c^2(a^2+b^2+c^2) \quad \cdots\cdots②$$
となり，両辺とも8次の同次式です．

　ここで，$b^2c^2 \Rightarrow x$, $c^2a^2 \Rightarrow y$, $a^2b^2 \Rightarrow z$ とおきかえると，②は，
$$(x+y+z)^2\geqq 3(xy+yz+zx)$$
$$\iff \frac{1}{2}\{(x-y)^2+(y-z)^2+(z-x)^2\}\geqq 0$$
という，よく知られた不等式に早変わりします．

　次数をそろえるために条件式を利用したわけですね．

4. 同次形不等式での有名手筋

こうして，同次形の不等式は，「相加・相乗」「コーシー・シュワルツ」などの有名不等式を用いやすいために，証明もしやすいのですが，実は，同次形の不等式には，時折使えるもう1つのテクニックがあります．

問題 6

a, b, c が正の数のとき，

$$\frac{a}{b+c}+\frac{b}{c+a}+\frac{c}{a+b} \geq \frac{3}{2} \quad \cdots\cdots\cdots\cdots\cdots\cdots\cdots ☆$$

を証明せよ，という問題（問題1の Nesbitt の不等式）を次のような方法で解け．
（1）$a \Rightarrow at$（t は正の定数），$b \Rightarrow bt$，$c \Rightarrow ct$ とおきかえるとき，不等式☆はどのような形になるか考えよ．
（2）☆を示すとき，$a+b+c=1$ という条件をつけ加えてもよいことを説明せよ．
（3）☆を示せ．

【解説】

（1）左辺 $=\dfrac{at}{(b+c)t}+\dfrac{bt}{(c+a)t}+\dfrac{ct}{(a+b)t}=\dfrac{a}{b+c}+\dfrac{b}{c+a}+\dfrac{c}{a+b}$

となるので，a, b, c をすべて t 倍しても，不等式☆は不変です．
（2）（1）より，t を $(a+b+c)t=1$ になるような数に設定すると，$at+bt+ct=1$ となります．

この条件下で，$\dfrac{at}{bt+ct}+\dfrac{bt}{ct+at}+\dfrac{ct}{at+bt} \geq \dfrac{3}{2}$

を示すことと，☆を示すことは同じことです．そこで，

$at \Rightarrow a'$, $bt \Rightarrow b'$, $ct \Rightarrow c'$ とおきかえて，

「$a'+b'+c'=1$，$a', b', c' > 0$ のとき，

$$\frac{a'}{b'+c'}+\frac{b'}{c'+a'}+\frac{c'}{a'+b'} \geq \frac{3}{2} \text{ を示せ」}$$

という問題と☆は同じことです．

これは「$a+b+c=1$」という条件を☆につけ加えた形になっていますね．
（3）$a+b+c=1$ とすると，

§8 不等式証明のテクニック　　79

与式左辺 $= \dfrac{a}{1-a} + \dfrac{b}{1-b} + \dfrac{c}{1-c}$

$= -3 + \dfrac{1}{1-a} + \dfrac{1}{1-b} + \dfrac{1}{1-c}$

ここで $f(x) = \dfrac{1}{1-x}$ のグラフは，$0 < x < 1$ で下に凸なので，Jensen の不等式（☞ §4，図で △ABC の重心 G の y 座標が，$f\left(\dfrac{a+b+c}{3}\right)$ より大きいと考えよ）より，

$$\dfrac{\dfrac{1}{1-a} + \dfrac{1}{1-b} + \dfrac{1}{1-c}}{3} \geqq f\left(\dfrac{a+b+c}{3}\right) = f\left(\dfrac{1}{3}\right) = \dfrac{3}{2}$$

そこで，

$$\underset{*}{\dfrac{a}{1-a}} + \underset{*}{\dfrac{b}{1-b}} + \underset{*}{\dfrac{c}{1-c}} = -3 + \left(\dfrac{1}{1-a} + \dfrac{1}{1-b} + \dfrac{1}{1-c}\right) \geqq -3 + \dfrac{9}{2} = \dfrac{3}{2}$$

ずいぶん大がかりな証明になりました．

大切なのは，(2) の部分で，実は「同次形の不等式を示すときには，$a+b+c=1$，$abc=1$ などと勝手に条件をつけ加えてから証明してもよい場合が多い」ということなのです．

一番有効な例はコーシー・シュワルツの不等式で a，b，x，y が正の数のときの証明でしょう．

$(a^2+b^2)(x^2+y^2) \geqq (ax+by)^2$ ……………………………☆☆

を示すのに，a，b をともに s 倍，x，y をともに t 倍（s，t は正の定数）としても，☆☆式は不変なので，s，t を適当に調節してあげれば，

「$a^2+b^2=1$，$x^2+y^2=1$」

という条件をつけ加えてから☆☆を示してもよいことになります．このとき☆☆は，

$(ax+by)^2 \leqq 1 \iff ax+by \leqq 1 \iff 2ax+2by \leqq 2$

となりますが，（相加・相乗を用いれば）

$2ax \leqq a^2+x^2$，$2by \leqq b^2+y^2$ なので辺々加えて

$\underset{*}{2ax} + \underset{*}{2by} \leqq (a^2+x^2) + (b^2+y^2) = \underset{*}{(a^2+b^2)} + (x^2+y^2) = 2$

ただ，この方式は難しい不等式を一発で解くことがある反面，下手に使うと迷路にふみこむような例もありますから，使用するときには用心が肝腎です．

5．等号成立条件の調査が手法選択のカギ

「相加・相乗」，「コーシー・シュワルツ」「並べかえ」の不等式は，ある意味でみな共通の特性をもっています．

先程の「同次」という性質も共通ですが，もう1つ，「$x_1=x_2=\cdots$」のように，文字がすべて等しいか，あるいはコーシー・シュワルツのように「$a_1:x_1=a_2:x_2=\cdots$」のように比が等しいか，即ち，等号成立の条件として，文字の値，または文字同士の比が一定なのです．

すると等号成立条件を調べてみれば，『相加・相乗』タイプか否かがおおよそわかることになります．

たとえば，問題2について，等号成立条件を考えると，1つのx_iがkで，他がすべて0のとき等号が成立しています．これでは，相加・相乗や並べかえの不等式が出る幕はありませんね．

そんなふうにしてどの手法を選択するか考えるのです．

問題7

$n\geqq 2$, $x_1 x_2 \cdots x_n =1$, $x_i>0$ ($i=1, 2, \cdots, n$) のとき，次の不等式を証明せよ．

$$\frac{1}{1+x_1}+\frac{1}{1+x_2}+\cdots\cdots+\frac{1}{1+x_n}\geqq 1$$

$x_1=x_2=\cdots=x_n=1$のときは？と素朴に考えると，$n\geqq 3$のとき，左辺の値は1より大です．

いろいろあてはめて考えると，どうやら等号が成立するのは，$n=2$，$x_1=x_2=1$の場合だけのようで，そんなところから，解法を考えます．

『相加・相乗』など有名不等式が使えないタイプです．

【解説】

$x_1\leqq x_2 \leqq\cdots\cdots\leqq x_n$として一般性を失わない．このとき$x_1 x_2>1$とすると$x_2>1$で，以後$x_3, x_4, \cdots$とすべて1より大だから，$x_1 x_2\cdots\cdots x_n>1$となり条件に反する．

§8 不等式証明のテクニック　　81

よって，$x_1 x_2 \leq 1$

このとき，$\dfrac{1}{1+x_1}+\dfrac{1}{1+x_2}=\dfrac{1+(x_1+x_2)+1}{1+(x_1+x_2)+x_1 x_2}\geq 1$
（分母の大きさと分子の大きさをくらべてみよ）だから，

$$\dfrac{1}{1+x_1}+\dfrac{1}{1+x_2}+\underbrace{\cdots\cdots+\dfrac{1}{1+x_n}}_{\text{正の項いくつかの和}}>1$$

*　　　　　*　　　　　*

$n=2$ のときしか等号が成り立たないらしいので，まず，x_1 と x_2 だけにしぼって考えてみるところがミソだったわけです．では，もう1題やってみましょう．

問題 8

正の数 x，y，z について，次の不等式を示せ．
　　$x^2 y^2 z^2 + x^2 + y^2 + z^2 + 2 \geq 2(xy+yz+zx)$

見かけは単純そうですが，左辺には6次の項があり，右辺は2次です．また，$x^2+y^2+z^2 \geq xy+yz+zx$ を生かして，$x^2 y^2 z^2 + 2 \geq xy+yz+zx$ を証明しようか…などと考えると，実は──は不成立です!!

実は，『相加・相乗』などの不等式を考えているだけでは，この不等式の証明は不可能．等号成立条件を調べると，どうやら $x=y=z=1$ の場合だけではないかと見当がつきます．

そこで，与えられた式が x の2次式であることを利用し，判別式の利用にもちこんでみましょう．これは，2次の不等式の証明にはきわめて強力な方法です．

【解説】
　$f(x)=(y^2 z^2+1)x^2-2(y+z)x+(y^2+z^2+2-2yz)$
とおく．$f(x)=0$ の判別式 D が 0 以下であれば，$f(x)\geq 0$ となるので，以下 $D\leq 0$ を示す．

$D\leq 0 \iff 4(y+z)^2 \leq 4(y^2 z^2+1)(y^2+z^2+2-2yz)$
$\iff y^2+2yz+z^2 \leq y^4 z^2+y^2 z^4+2y^2 z^2-2y^3 z^3+y^2+z^2+2-2yz$
$\iff 4yz+2y^3 z^3 \leq y^4 z^2+y^2 z^4+2(y^2 z^2+1)$
$\iff 0 \leq y^2 z^2 (y-z)^2+2(yz-1)^2$

（等号は $y=z$ かつ $yz-1=0 \iff y=z=1$ のとき成立）
となって，成立．よって，$f(x) \geqq 0$

　一般に，2次不等式の証明には判別式をとるのが最も有効な方法なのですが，判別式はとかく式がふくらんで計算が大変なので，きれいな形の式にはできれば美しい不等式（例えば『相加・相乗』）を使いたい…
　しかし，等号成立条件や式の形（次数など）から，既製の絶対不等式を使うのが困難そうな場合は，この方法をすすめます．

6. おきかえも意外に有効

たとえば問題1の別解を考えてみましょう．
$b+c=x$, $c+a=y$, $a+b=z$ とおくと，与不等式は，
$$\frac{y+z-x}{2x}+\frac{z+x-y}{2y}+\frac{x+y-z}{2z} \geqq \frac{3}{2}$$
$$\iff \left(\frac{y}{x}+\frac{x}{y}\right)+\left(\frac{z}{y}+\frac{y}{z}\right)+\left(\frac{x}{z}+\frac{z}{x}\right) \geqq 6$$
というきわめてアタリマエの不等式になっています（これで証明できちゃった!!）．このように，「おきかえ」という手法は時に大変有効です．
　華麗なおきかえの手法も数ありますが，ここでは次の問題を今回のどれかに，おきかえにより帰着して下さい．

問題9

$x_1, x_2, x_3 > 0$ のとき，次の不等式を示せ．

$$1 < \frac{x_1}{x_1+x_2}+\frac{x_2}{x_2+x_3}+\frac{x_3}{x_3+x_1} < 2$$

見やぶることはできたかな？　実は問題7で，$n=3$，$x_1 \Rightarrow \frac{x_2}{x_1}$, $x_2 \Rightarrow \frac{x_3}{x_2}$, $x_3 \Rightarrow \frac{x_1}{x_3}$ とおくと 左辺＜中辺 になり，左辺＜中辺 の式で $x_1 \Rightarrow x_2$, $x_2 \Rightarrow x_1$ としてから，$\frac{x_2}{x_1+x_2}=1-\frac{x_1}{x_1+x_2}$ などとして，式変形したものが 中辺＜右辺 になっています．

§8　不等式証明のテクニック　　83

§9 不等式の拡張（1）

数Ⅱ

　数学を学んでいく上で避けることができない考え方があります．それは，「一般化」「拡張」ということです．
　1つの定理，法則を見出したり，理解したりしたときに，その定理・法則が，より広くて普遍的で汎用性のある定理に発展し，その発展形こそが，今まで個別に学んでいた事項を包摂するのではないか？
　数学者たちは，こんな興味から，次々と"より深い"定理を探究し，体系を発達させてきたのです．
　そこで，今回は，ささやかながらも，今まで扱ってきた不等式の中から3つを選んで，その拡張バージョンを取りあげてみようと思います．その3つとは，
　1．チェビシェフの不等式
　2．コーシー・シュワルツの不等式
　3．並べかえの不等式
の3つです．

1．チェビシェフの不等式の拡張
　チェビシェフの不等式の3文字バージョンは，
　　　$a_1 \geq a_2 \geq a_3$, $b_1 \geq b_2 \geq b_3$ ……☆　ならば
$$\frac{a_1b_1+a_2b_2+a_3b_3}{3} \geq \frac{a_1+a_2+a_3}{3} \cdot \frac{b_1+b_2+b_3}{3}$$
です．これは比喩的にいえば，
　　［大小順にソートしてから積をとった平均］
　　　　　　　$\geq$［a系列の平均］$\times$［b系列の平均］
という意味です．そうした意味で，これはいわば『平均に関係した不等式』という側面ももっています．
　ところで，3数を平均するのに，『加重平均』という概念もあります．
　たとえば，30点と40点と50点の平均は普通に考えれば

$$\frac{30+40+50}{3}=40\,(\text{点})$$

ですが，もしも，30点が3人，40点が5人，50点が2人なら，
$$\frac{3\times30+5\times40+2\times50}{3+5+2}=39\,(\text{点})$$

となります．

これは，30点に重み $\frac{3}{3+5+2}$（=0.3），40点に重み $\frac{5}{3+5+2}$（=0.5），50点に重み $\frac{2}{3+5+2}$（=0.2）を加えて平均したものだという意味で，「加重平均」といいます．

つまり，30点に加重0.3，40点に加重0.5，50点に加重0.2をかけた加重平均は39点です．一方従来の相加平均 $\frac{30+40+50}{3}$ は30，40，50にそれぞれ加重 $\frac{1}{3}$ をかけた平均であるということです．

特徴は，どちらも，加重（加える重み）の和が1であるということですね．さて，すると次のような興味が生まれます．

Q: チェビシェフの不等式の3文字バージョンで，

「a_1b_1，a_2b_2，a_3b_3 の加重平均（加重は t_1，t_2，t_3 [$t_1+t_2+t_3=1$]）」

と，「a系列の加重平均」×「b系列の加重平均」とはどちらが大きいか？
すなわち，

$t_1+t_2+t_3=1$，$t_1,t_2,t_3>0$ のとき

$t_1a_1b_1+t_2a_2b_2+t_3a_3b_3$ と $(t_1a_1+t_2a_2+t_3a_3)\times(t_1b_1+t_2b_2+t_3b_3)$

とはどちらが大きいか？
ということです．

実は，やや唐突な考え方ですが，推定は容易です．

l 個の a_1，m 個の a_2，n 個の a_3（あわせて $l+m+n$（個））と l 個の b_1，m 個の b_2，n 個の b_3 に対して，一般の場合のチェビシェフの不等式をあてはめれば，

$$\frac{la_1b_1+ma_2b_2+na_3b_3}{l+m+n}\geq\frac{la_1+ma_2+na_3}{l+m+n}\times\frac{lb_1+mb_2+nb_3}{l+m+n}$$

となり，ここで $\frac{l}{l+m+n}=t_1$，$\frac{m}{l+m+n}=t_2$，$\frac{n}{l+m+n}=t_3$ とおけば，

$t_1+t_2+t_3=1$ で
$$t_1a_1b_1+t_2a_2b_2+t_3a_3b_3 \geq (t_1a_1+t_2a_2+t_3a_3)(t_1b_1+t_2b_2+t_3b_3)$$
となります．しかし，これでは証明にはなりません．

実は，（大学入試というのはおそろしいもので）まさにドンピシャリの証明問題がありました．

問題1

$0 \leq a_1 \leq a_2 \leq a_3$, $0 \leq b_1 \leq b_2 \leq b_3$ とする．
$t_1+t_2+t_3=1$ となる $t_1, t_2, t_3 \geq 0$ に対して，不等式
$$(t_1a_1+t_2a_2+t_3a_3)(t_1b_1+t_2b_2+t_3b_3)$$
$$\leq t_1a_1b_1+t_2a_2b_2+t_3a_3b_3 \cdots\cdots\cdots\cdots\cdots ☆$$
を証明せよ． （98 大阪教育大）

（普通の）チェビシェフの不等式の証明法の1つとして，
$$(a_1-a_2)(b_1-b_2)+(a_2-a_3)(b_2-b_3)+(a_3-a_1)(b_3-b_1) \geq 0$$
と非負値の和に直す方法がありました．これが使えるのではないかと試してみます．

【解説】

☆式の右辺－左辺
$= (t_1-t_1^2)a_1b_1+(t_2-t_2^2)a_2b_2+(t_3-t_3^2)a_3b_3+〔その他〕$
$= t_1(1-t_1)a_1b_1+t_2(1-t_2)a_2b_2+t_3(1-t_3)a_3b_3+〔その他〕$
$= t_1(t_2+t_3)a_1b_1+t_2(t_3+t_1)a_2b_2+t_3(t_1+t_2)a_3b_3+〔その他〕$
$= t_1t_2(a_1b_1-a_1b_2-a_2b_1+a_2b_2)+t_2t_3(a_2b_2-a_2b_3-a_3b_2+a_3b_3)$
$\qquad +t_3t_1(a_3b_3-a_3b_1-a_1b_3+a_1b_1)$
$= t_1t_2(a_1-a_2)(b_1-b_2)+t_2t_3(a_2-a_3)(b_2-b_3)+t_3t_1(a_3-a_1)(b_3-b_1) \geq 0$

これがチェビシェフの不等式の拡張バージョンです．

なお，注意点が2つあります．1つは大阪教育大の問題で，$0 \leq a_1 \leq \cdots$, $0 \leq b_1 \leq \cdots$ の0以上という条件は不要です．
また，一般に n 文字について"チェビシェフの不等式の加重平均バージョン"が成り立ちますので，興味のある方は，自力で探究してください．

2. コーシー・シュワルツの不等式の拡張

次に，コーシー・シュワルツの不等式を2乗バージョンから3乗バージョンに拡張してみましょう．Jensen の不等式（§4）を既知として使いますので，次の問題の中に再掲しておきます．

問題2

ある区間で下に凸な関数 $f(x)$ と，その区間内の任意の $x_1, x_2, \cdots, x_n$，定数 $p_1, p_2, \cdots, p_n$ ($0 \leq p_i \leq 1$，$p_1 + p_2 + \cdots + p_n = 1$) について，
$$p_1 f(x_1) + p_2 f(x_2) + \cdots + p_n f(x_n) \geq f(p_1 x_1 + p_2 x_2 + \cdots + p_n x_n)$$
が成り立つ（Jensen の不等式）．

これを既知として，次の問いに答えよ．

（1） 関数 $f(x) = x^3$ ($x > 0$) は下に凸である．Jensen の不等式で，
$$f(x) = x^3, \quad x_i \Rightarrow \frac{b_i}{a_i}, \quad p_i \Rightarrow \frac{a_i^3}{a_1^3 + a_2^3 + \cdots + a_n^3}$$
とおきかえることで，新しい不等式を作ってみよ．

（2） 正の数 a_i, b_i, c_i ($i = 1, 2, \cdots, n$) について，次の不等式が成り立つことを示せ．
$$(a_1^3 + a_2^3 + \cdots + a_n^3)(b_1^3 + b_2^3 + \cdots + b_n^3)(c_1^3 + c_2^3 + \cdots + c_n^3)$$
$$\geq (a_1 b_1 c_1 + a_2 b_2 c_2 + \cdots + a_n b_n c_n)^3$$

（1）はあてはめるだけです．（2）は（1）で作った不等式を2つ合体します．

【解説】

（1） あてはめると，
$$\frac{b_1^3 + b_2^3 + \cdots + b_n^3}{a_1^3 + a_2^3 + \cdots + a_n^3} \geq \left(\frac{a_1^2 b_1 + a_2^2 b_2 + \cdots + a_n^2 b_n}{a_1^3 + a_2^3 + \cdots + a_n^3} \right)^3 \quad \cdots\cdots\cdots ①$$
となります．

（2） ①より，
$$(a_1^3 + a_2^3 + \cdots + a_n^3)^2 (b_1^3 + b_2^3 + \cdots + b_n^3)$$
$$\geq (a_1^2 b_1 + a_2^2 b_2 + \cdots + a_n^2 b_n)^3 \quad \cdots\cdots\cdots ②$$

同様に，

$$(c_1{}^3+c_2{}^3+\cdots+c_n{}^3)^2(b_1{}^3+b_2{}^3+\cdots+b_n{}^3)$$
$$\geqq (c_1{}^2b_1+c_2{}^2b_2+\cdots+c_n{}^2b_n)^3 \quad \cdots\cdots\cdots\cdots\cdots ③$$

②と③を辺々かけてから「2分の1乗」すれば，
$$(a_1{}^3+\cdots+a_n{}^3)(b_1{}^3+\cdots+b_n{}^3)(c_1{}^3+\cdots+c_n{}^3)$$
$$\geqq (a_1{}^2b_1+\cdots+a_n{}^2b_n)^{\frac{3}{2}}(c_1{}^2b_1+\cdots+c_n{}^2b_n)^{\frac{3}{2}} \quad \cdots\cdots\cdots\cdots ④$$

ところでここで，コーシー・シュワルツの不等式より
$$(a_1{}^2b_1+\cdots+a_n{}^2b_n)(c_1{}^2b_1+\cdots+c_n{}^2b_n) \geqq (a_1b_1c_1+\cdots+a_nb_nc_n)^2$$

だから，④とあわせて，題意が証明された．

＊　　　　＊　　　　＊

誘導がついているので何とかなりますが，自力で示すのは骨が折れそうです．しかし，(2)の不等式を示すなら，もっとエレガントでおそろしい方法があります．

問題3

問題2-(2)の不等式を示したい．

(1) $a_1{}^3+a_2{}^3+\cdots+a_n{}^3=1$ として証明しても一般性を失わないことを示せ．

(2) $a_1{}^3+a_2{}^3+\cdots+a_n{}^3=1$ かつ $b_1{}^3+b_2{}^3+\cdots+b_n{}^3=1$ かつ $c_1{}^3+c_2{}^3+\cdots+c_n{}^3=1$ として証明しても一般性を失わない理由を簡潔に記せ．

(3) 問題2-(2)の不等式を証明せよ．

【解説】

(1) これは前回のテーマでした．

$a_i \Rightarrow a_i t$（t は任意の正の定数）とおきかえると，左辺は全体として t^3 倍，右辺も t^3 倍になるだけですから，全体の式の意味は（t^3 で割ってみよ）変わりません．

そこで t を適当に調節すると，
$$a_1{}^3t^3+a_2{}^3t^3+\cdots+a_n{}^3t^3=1$$
になるような t が必ず存在しますから，そのような t について，a_1t, a_2t, $\cdots$, a_nt を新たに a_1', a_2', $\cdots$, a_n' とおきかえて示せばよいのです．

（2）　$b_1 \sim b_n$，$c_1 \sim c_n$ についても（1）と同様な操作ができ，しかも，それぞれ独立に（他に影響を及ぼさずに）その操作が可能ですから，O.K. です．
（3）　上の条件のもとで，
$$a_1b_1c_1+a_2b_2c_2+\cdots+a_nb_nc_n\leq 1 \quad\cdots\cdots\cdots\cdots\cdots\cdots\cdots\cdots\text{①}$$
を示せばよいことになりますが，一般に相加・相乗平均の不等式より，
$$3a_ib_ic_i\leq a_i^3+b_i^3+c_i^3$$
ですから，これを $i=1, 2, \cdots, n$ について加えて，
$$3\times(\text{①の左辺})\leq \sum_{i=1}^{n}(a_i^3+b_i^3+c_i^3)=\sum_{i=1}^{n}a_i^3+\sum_{i=1}^{n}b_i^3+\sum_{i=1}^{n}c_i^3=1+1+1=3$$
両辺を 3 で割って，①式を得ます．

*　　　　　*　　　　　*

この方法だと，コーシー・シュワルツの不等式をさらに拡張することができます．一般的には，（記号については p.92〜93 を参照）
$$(a_{11}{}^m+a_{12}{}^m+\cdots+a_{1n}{}^m)(a_{21}{}^m+a_{22}{}^m+\cdots+a_{2n}{}^m)$$
$$\times\cdots\times(a_{m1}{}^m+a_{m2}{}^m+\cdots+a_{mn}{}^m)$$
$$\geq(a_{11}a_{21}\cdots a_{m1}+a_{12}a_{22}\cdots a_{m2}+\cdots+a_{1n}a_{2n}\cdots a_{mn})^m \quad \text{（各文字は正）}$$
というおそろしい形ができますが，いくら何でもこういわれると目がまわる諸君が多いと思いますので，一般化は①くらいまでにしておきましょう．

さて，大学入試にはもちろん，この拡張形がそのままの形で出たことはありませんが，こうした"背景"を知っていると見通しがよいことはあります．

問題 4

（1）　x_i, y_i, z_i $(i=1, 2)$ が正の数であるとき，
$$(x_1^3+x_2^3)(y_1^3+y_2^3)(z_1^3+z_2^3)\geq(x_1y_1z_1+x_2y_2z_2)^3$$
であることを証明しなさい． 　　　　　　　　　　（02　立正大（一部略））

（2）　任意の正の数 a, b, x, y について，次の不等式が成り立つことを証明せよ．
$$\left(\frac{a}{x^2}+\frac{b}{y^2}\right)(ax+by)^2\geq(a+b)^3 \quad\quad\quad\text{（甲南大）}$$

（3）　x, y が $x\geq 0$，$y\geq 0$，$x^3+y^3=1$ を満たしながら変わるとき，$x+y$ がとりうる値の範囲を求めよ． 　　　　　　　　　（88　阪大）

§9　不等式の拡張（1）

（1）は単に問題2で$n=2$の場合ですから，解説は省略します．
【解説】
（2）「解き方」ではなく背景だけ見ておきましょう．（実はこの問題はいろいろな解法がある良問なので，工夫して解法は考えてもらいたい）

先程の立正大の問題の結論で，
$$x_1 \Rightarrow \sqrt[3]{\frac{a}{x^2}},\ x_2 \Rightarrow \sqrt[3]{\frac{b}{y^2}},\ y_1 \text{と} z_1 \Rightarrow \sqrt[3]{ax},\ y_2 \text{と} z_2 \Rightarrow \sqrt[3]{by}$$
とおくと，そのまま，この不等式になります．

もっと簡単にいえば
$$\left(\boxed{\frac{a}{x^2}} + \frac{b}{y^2}\right)(\boxed{ax}+by)(\boxed{ax}+by) \geq (\underline{a}+b)^3$$
で，□の中の数をすべてかけてから「3分の1乗」したものが a（右辺の―――）のようになっているのです．

（3） $(x^3+y^3)(1^3+1^3)(1^3+1^3) \geq (x+y)^3$

ですから，$(x+y)^3 \leq 4$ ∴ $x+y \leq \sqrt[3]{4}$
となります．一方，$x,\ y$ は，$0 \leq x, y \leq 1$ なので，
  $x \geq x^2 \geq x^3,\ y \geq y^2 \geq y^3$ を辺々たして，
  $x+y \geq x^3+y^3 = 1$

これより答の見当は $1 \leq x+y \leq \sqrt[3]{4}$
と推定され，実際にそれであっています．

ただこれだと「$1 \sim \sqrt[3]{4}$ の間の数をすべてとりうるという保証がどこにあるのか」という問題点があるため大幅な減点をされそうな気もしますので，入試の答案には使わない方がよいかもしれません．

3．並べかえの不等式の拡張

話がそれました．目的は入試の『直接的お役立ち』ではなく，不等式の骨組をがっしりと固めることにあるわけですから，さっさと本題（有名不等式の拡張）に戻りましょう．

問題5

a_i, b_i, c_i ($i=1, 2, \cdots, n$) は正の数とする.

また, $a_1 \geq a_2 \geq \cdots \geq a_n$, $b_1 \geq b_2 \geq \cdots \geq b_n$ が成立するとき, $b_1 \sim b_n$ の任意の並べかえを $b_1' \sim b_n'$ とすれば,

$$a_1 b_1 + a_2 b_2 + \cdots + a_n b_n \geq a_1 b_1' + a_2 b_2' + \cdots + a_n b_n'$$

であることは(§7で証明済なので)既知とする.

(1) $a_1 \geq a_2 \geq \cdots \geq a_n$, $b_1 \geq b_2 \geq \cdots \geq b_n$, $c_1 \geq c_2 \geq \cdots \geq c_n$ とする. $b_1 \sim b_n$ の任意の並べかえを $b_1' \sim b_n'$, $c_1 \sim c_n$ の任意の並べかえを $c_1' \sim c_n'$ とするとき,

$$a_1 b_1 c_1 + a_2 b_2 c_2 + \cdots + a_n b_n c_n \geq a_1 b_1' c_1' + a_2 b_2' c_2' + \cdots + a_n b_n' c_n' \quad \cdots ☆$$

が成り立つことを示せ.

(2) (1)をさらに一般化するとどのような不等式が成り立つことが予想されるか.

【解説】

§7で扱ったのと同様な式変形をつかいます.

(1) ☆の左辺 $= (a_1 - a_2) b_1 c_1 + (a_2 - a_3)(b_1 c_1 + b_2 c_2)$
$\qquad + (a_3 - a_4)(b_1 c_1 + b_2 c_2 + b_3 c_3) + \cdots$
$\qquad + (a_{n-1} - a_n)(b_1 c_1 + b_2 c_2 + \cdots + b_{n-1} c_{n-1})$
$\qquad + a_n (b_1 c_1 + b_2 c_2 + \cdots + b_n c_n)$

このように式変形すると,

☆の右辺 $= (a_1 - a_2) b_1' c_1' + (a_2 - a_3)(b_1' c_1' + b_2' c_2')$
$\qquad + (a_3 - a_4)(b_1' c_1' + b_2' c_2' + b_3' c_3') + \cdots$
$\qquad + (a_{n-1} - a_n)(b_1' c_1' + b_2' c_2' + \cdots + b_{n-1}' c_{n-1}')$
$\qquad + a_n (b_1' c_1' + b_2' c_2' + \cdots + b_n' c_n')$

ここで, $a_1 - a_2 \geq 0$, $a_2 - a_3 \geq 0$, $\cdots$, $a_{n-1} - a_n \geq 0$, $a_n > 0$ なので, 左辺と右辺をくらべれば,

$b_1 c_1 \geq b_1' c_1'$, $b_1 c_1 + b_2 c_2 \geq b_1' c_1' + b_2' c_2'$, $\cdots$,
$\qquad b_1 c_1 + b_2 c_2 + \cdots + b_n c_n \geq b_1' c_1' + b_2' c_2' + \cdots + b_n' c_n'$

を証明すれば足りる.

そこで，$m \leq n$ のとき，
$$b_1c_1+b_2c_2+\cdots+b_mc_m \geq b_1'c_1'+b_2'c_2'+\cdots+b_m'c_m' \quad \cdots\cdots\cdots\cdots①$$
を示すことを考えよう．

①の右辺で $b_1'\sim b_m'$ を大きい順に並べかえたものを改めて，$b_1'\sim b_m'$ とし，$c_1'\sim c_m'$ の添え字を①の右辺と同じものを表すように適当につけかえれば，①で，$b_1' \geq b_2' \geq \cdots \geq b_m'$ としてから証明してよい．

ここで，$b_1 \geq b_1'$, $b_2 \geq b_2'$, $\cdots$, $b_m \geq b_m'$ だから
$$b_1c_1+b_2c_2+\cdots+b_mc_m \geq b_1'c_1+b_2'c_2+\cdots+b_m'c_m \quad \cdots\cdots\cdots\cdots②$$
さらに①の右辺を考える．

c_1', c_2', $\cdots$, c_m' を大きい順に並べかえたもの（等しいものがあるときはその1つ）を d_1, d_2, $\cdots$, d_m とする（$d_1 \geq d_2 \geq \cdots \geq d_m$）と，並べかえの不等式より，
$$b_1'd_1+b_2'd_2+\cdots+b_m'd_m \geq b_1'c_1'+b_2'c_2'+\cdots+b_m'c_m' \quad \cdots\cdots\cdots\cdots③$$

ここで，d_1, $\cdots$, d_m は，$c_1 \sim c_n$ のうち適当に m 個とって，大きい順に並べたものだから，
$$c_1 \geq d_1, \quad c_2 \geq d_2, \quad \cdots, \quad c_m \geq d_m$$
が成り立つので，
$$b_1c_1+b_2c_2+\cdots+b_mc_m \geq ②の右辺 \geq ③の左辺$$
$$\geq ③の右辺 = b_1'c_1'+b_2'c_2'+\cdots+b_m'c_m'$$

以上より，

☆の左辺－右辺
$$= \sum_{i=1}^{n-1}(a_i-a_{i+1})\{(b_1c_1+\cdots+b_ic_i)-(b_1'c_1'+\cdots+b_i'c_i')\}$$
$$+a_n\{(b_1c_1+b_2c_2+\cdots+b_nc_n)-(b_1'c_1'+b_2'c_2'+\cdots+b_n'c_n')\} \geq 0$$
となるので示された．

＊　　　　＊　　　　＊

ふー，…感覚的にはアタリマエのことでも，なるべく Σ 記号を減らし，書き並べて示そうとすると，長くなってしんどいですね…．

(2) これは結論だけ示します．

数をたてに m 個，横に n 個並べ（全部で mn 個），右上のように上から i 行目，左から j 列目にある数を a_{ij} と書くことにします．

92

一般に，（各 a_{ij} は正）
$$\begin{bmatrix} a_{11} & a_{12} & a_{13} & \cdots\cdots & a_{1n} \\ a_{21} & a_{22} & a_{23} & \cdots\cdots & a_{2n} \\ a_{31} & a_{32} & a_{33} & \cdots\cdots & a_{3n} \\ & & \vdots & & \\ a_{m1} & a_{m2} & a_{m3} & \cdots\cdots & a_{mn} \end{bmatrix}$$
を考え，各行（m 行ある）について，行の中の数は，右に行くほど小さい（非増加）とします．

このとき，各行より 1 つずつ選んで（m 個できる）かけあわせ，残りの数について再び各行より 1 つずつ選んでかけあわせ，…というようにして n 個の積を作って，その総和 s を考えます．

このとき，s の最大値は，
$$a_{11}a_{21}a_{31}\cdots a_{m1} + a_{12}a_{22}a_{32}\cdots a_{m2} + \cdots + a_{1n}a_{2n}a_{3n}\cdots a_{mn}$$
です．つまり，「大きいものは大きいもの同士，小さいものは小さいもの同士くんだ方が，積の総和は大きい」という原理（ただし文字が正であることに注意）がここにも，並べかえの不等式の場合と同様に働いているのです．

これを使うとたとえば，
$$\begin{bmatrix} a_1 & a_2 & \cdots\cdots & a_n \\ a_1 & a_2 & \cdots\cdots & a_n \\ & & \vdots & \\ a_1 & a_2 & \cdots\cdots & a_n \end{bmatrix} \text{より，} a_1^n + a_2^n + \cdots + a_n^n \geq na_1a_2\cdots a_n$$
［何と『相加・相乗』の証明！！］

$$\begin{bmatrix} a & b & c \\ a & b & c \\ a & b & c \\ a & b & c \end{bmatrix} \text{より } a^4 + b^4 + c^4 \geq abc(a+b+c)$$
［大学受験で時折見かける］

などが一目瞭然になります．

＊　　　＊　　　＊

しかし…これを限られたスペースの中で証明するのは私もあきらめました…．証明は数学的帰納法を用い，量が多いわりには考え方は一筋道とだけ言っておきます．

§10 不等式の拡張（2）

数Ⅲ

前回は有名不等式を拡張してみました．今回もその続きですが，特に扱うのは，「積分の不等式」です．

1. 相加・相乗平均の不等式の積分バージョン

問題1

（1） $t>0$ のとき，つぎの不等式を証明せよ．
$$\log t \leq t-1$$
（2） 関数 $f(x)$ は区間 $0 \leq x \leq 1$ において正の連続関数とする．（1）において $t=\dfrac{f(x)}{\int_0^1 f(x)dx}$ とおくことにより，
$$\int_0^1 \log f(x)dx \leq \log \int_0^1 f(x)dx \quad \cdots\cdots\cdots ☆$$
が成り立つことを証明せよ． （87 東京医大）

まず，問題にとりかかる前に，不等式☆がなぜ相加・相乗平均の不等式の積分バージョンなのか説明します．

相加・相乗平均の不等式とは正の数 $a_1 \sim a_n$ に対して，
$$\frac{a_1+a_2+\cdots+a_n}{n} \geq \sqrt[n]{a_1 a_2 \cdots a_n}$$
という不等式です．

図は，$y=f(x)$ $[>0]$ の $0 \leq x \leq 1$ の部分を n 等分して，面積を n 個の長方形で近似した図です．

長方形の面積は左の方から順に，$\dfrac{a_1}{n}$，$\dfrac{a_2}{n}$，$\cdots$，$\dfrac{a_n}{n}$ ですが，これら n 個を数と見なして，相加・

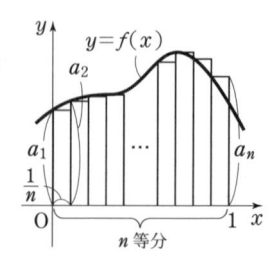

相乗平均の不等式をあてはめると，
$$\frac{\frac{a_1}{n}+\frac{a_2}{n}+\cdots+\frac{a_n}{n}}{n} \geq \sqrt[n]{\frac{a_1}{n}\cdot\frac{a_2}{n}\cdots\cdots\frac{a_n}{n}}$$
すなわち（両辺を n 倍して）
$$\frac{a_1+a_2+\cdots+a_n}{n} \geq \sqrt[n]{a_1\cdot a_2\cdots\cdots a_n}$$
両辺の対数をとると，
$$\log\left(\frac{a_1}{n}+\frac{a_2}{n}+\cdots+\frac{a_n}{n}\right) \geq \frac{1}{n}(\log a_1+\cdots+\log a_n)$$
となります．ここで $n\to\infty$ とすれば，
$$\text{左辺は } \log\int_0^1 f(x)dx, \text{ 右辺は } \int_0^1 \log f(x)dx$$
に収束するので，「☆は相加・相乗平均の不等式の積分バージョンだ！」となるわけです．

【解説】
((1)は頻出・基本なので省略．微分すればよいだけ)
(2) $\log t \leq t-1$ に題意のような t をあてはめると，
$$\log\frac{f(x)}{\int_0^1 f(x)dx} \leq \frac{f(x)}{\int_0^1 f(x)dx}-1$$
$\int_0^1 f(x)dx$ が単なる定数にすぎないことに注意して，この式の両辺を 0 から 1 まで積分すると，
$$\int_0^1 \log f(x)dx - \log\int_0^1 f(x)dx \leq \frac{\int_0^1 f(x)dx}{\int_0^1 f(x)dx}-1=0$$
$$\therefore \int_0^1 \log f(x)dx \leq \log\int_0^1 f(x)dx$$

* * *

誘導（t のおきかえ）があるので楽でしたが，いきなり☆を自力で示せといわれたら，大変でしょう．
ところで，次の出題も，実は問題1と同趣旨なのですが，君はこの2題の関連が見ぬけるでしょうか？

§10 不等式の拡張 (2)

問題 2

$h(x)=e^x$, $g(x)$ は $0 \leq x \leq 1$ で連続な関数とする．このとき，
$$\int_0^1 h(g(t))dt \geq h\left(\int_0^1 g(t)dt\right)$$
が成り立つことを証明せよ．

問題 1 の結論を利用してあてはめるだけです．

【解説】
$$\int_0^1 \log f(t)dt \leq \log \int_0^1 f(t)dt$$
で $f(t)=h(g(t))$ とおくと，
$$\int_0^1 g(t)dt \leq \log \int_0^1 h(g(t))dt \quad [\log f(t)=g(t) \text{ となる}]$$
ここで，$h(x)=e^x$ は単調増加関数だから，
$$h\left(\int_0^1 g(t)dt\right) \leq e^{\log \int_0^1 h(g(t))dt} = \int_0^1 h(g(t))dt$$

* * *

この 2 題，一見異なる 2 題に見えますが，実は本質的には全く同一の問題だったわけですね．

なお，区間 $[0, 1]$ を $[a, b]$ に代えて得られる，相加・相乗平均の積分版不等式の一般形は以下の通りです．

閉区間 $[a, b]$ で $f(x)>0$ のとき，
$$\frac{1}{b-a}\int_a^b \log f(x)dx \leq \log\left(\frac{1}{b-a}\int_a^b f(x)dx\right)$$

2．チェビシェフの不等式の積分バージョン

問題 3

$f(x)$, $g(x)$ は $a \leq x \leq b$ で，ともに単調減少またはともに単調増加な連続関数であるものとする．このとき，

$$\int_a^b f(x)dx \int_a^b g(x)dx \leq (b-a)\int_a^b f(x)g(x)dx \quad \cdots\cdots\cdots\cdots \text{☆☆}$$
であることを示せ．

さて，今度は☆☆がどうして，チェビシェフの不等式の積分バージョンなのでしょうか？

チェビシェフの不等式の一般形は，
$$p_1 \geq p_2 \geq \cdots \geq p_n, \ q_1 \geq q_2 \geq \cdots \geq q_n \ \text{に対し,}$$
$$\frac{p_1+p_2+\cdots+p_n}{n} \cdot \frac{q_1+q_2+\cdots+q_n}{n} \leq \frac{p_1q_1+p_2q_2+\cdots+p_nq_n}{n}$$
という形でした．

そこで，区間 $[a,b]$ を n 等分する分点を $x_1, x_2, \cdots, x_n$ とすると，$f(x), g(x)$ がともに単調減少のとき，$f(x_1) \geq f(x_2) \geq \cdots \geq f(x_n)$，$g(x_1) \geq g(x_2) \geq \cdots \geq g(x_n)$ が成立します．そこでチェビシェフの不等式より，
$$\frac{f(x_1)+\cdots+f(x_n)}{n} \cdot \frac{g(x_1)+\cdots+g(x_n)}{n}$$
$$\leq \frac{f(x_1)g(x_1)+\cdots+f(x_n)g(x_n)}{n}$$

ここで，$n \to \infty$ としてみると，
$$\frac{f(x_1)+\cdots+f(x_n)}{n} \to \frac{1}{b-a}\int_a^b f(x)dx$$
などとなるので，
$$\frac{1}{b-a}\int_a^b f(x)dx \cdot \frac{1}{b-a}\int_a^b g(x)dx \leq \frac{1}{b-a}\int_a^b f(x)g(x)dx$$
すなわち，問題の☆☆が予想されるわけです．ともに単調増加の場合も同様ですね．

【解説】

（チェビシェフの不等式の1つの解法のココロは，$p_1 \geq p_2, q_1 \geq q_2$ のとき，$(p_1-p_2)(q_1-q_2) \geq 0$ を利用することだったと考えて）

$f(x), g(x)$ が $a \leq x \leq b$ でともに減少関数の場合を示します．このとき，$a \leq k \leq b$ なる任意の定数 k と，この区間の任意の x について，
$$f(x)-f(k) \ \text{と} \ g(x)-g(k) \ \text{は同符号（または0）}$$
が成り立ちます．そこで，

§10 不等式の拡張（2）

$$(f(x)-f(k))(g(x)-g(k)) \geqq 0$$
$$\therefore \ f(x)g(x)+f(k)g(k) \geqq f(x)g(k)+f(k)g(x)$$

$f(k), g(k)$ が定数であることに注意して，この不等式の両辺を a から b まで積分すると，

$$\int_a^b f(x)g(x)dx + (b-a)f(k)g(k) \geqq g(k)\int_a^b f(x)dx + f(k)\int_a^b g(x)dx$$

この式で今度は k を変数と見て，a から b までこの式の両辺を k について積分します．

――部が定数であることに注意して計算すると，

$$\underbrace{(b-a)\int_a^b f(x)g(x)dx}_{①} + \underbrace{(b-a)\int_a^b f(k)g(k)dk}_{②}$$
$$\geqq \underbrace{\int_a^b g(k)dk \int_a^b f(x)dx}_{③} + \underbrace{\int_a^b f(k)dk \int_a^b g(x)dx}_{④}$$

ここで，①と②，③と④は変数を書きかえるだけで，実は同じものですから，両辺を2で割って，証明すべき不等式を得ます．

大学入試問題としては，ここまで抽象的な不等式を証明させる例は少なく，☆☆で，$f(x)$ を単調増加関数，$g(x)=x$ としたときの

$$\int_a^b xf(x)dx \geqq \frac{a+b}{2}\int_a^b f(x)dx$$

が少ない出題例です．

3. コーシー・シュワルツの不等式の積分バージョン

問題4

$f(x), g(x)$ は，ともに，$a \leqq x \leqq b$（a, b は定数）で連続な関数であるものとするとき，

$$\int_a^b (f(x))^2 dx \int_a^b (g(x))^2 dx \geqq \left\{\int_a^b f(x)g(x)dx\right\}^2$$

が成り立つことを証明せよ．

これは形が似ているので，コーシー・シュワルツの不等式の積分バージョンだと見抜きやすいでしょう．

【解説】

$f(x)$ が恒等的に 0 のときは等号が成り立つ．以下，それ以外の場合を考える．

$(tf(x)-g(x))^2 \geq 0$　これを a から b まで積分して，

$$\int_a^b (tf(x)-g(x))^2 dx \geq 0$$ ［等号は任意の x について $tf(x)=g(x)$ のときのみ成立］

$$\therefore \quad t^2 \int_a^b (f(x))^2 dx - 2t \int_a^b f(x)g(x)dx + \int_a^b (g(x))^2 dx \geq 0$$

これが任意の t について成立するので，左辺を t の 2 次式と見たとき，左辺＝0 の判別式 $D \leq 0$．よって，

$$\frac{D}{4} = \left\{\int_a^b f(x)g(x)dx\right\}^2 - \int_a^b (f(x))^2 dx \int_a^b (g(x))^2 dx \leq 0$$

［等号は $\dfrac{g(x)}{f(x)}$ が一定のときのみ成立］

*　　　　*　　　　*

ちょっといかつい式ですが，たとえば次のような応用が利きます．

$x>0$ において $f(x)=x^{\frac{1}{2}}$, $g(x)=x^{-\frac{1}{2}}$ とすると，

$$\int_a^b x\, dx \cdot \int_a^b \frac{1}{x} dx > \left(\int_a^b dx\right)^2$$ ［ただし，$0<a<b$］

$$\therefore \quad \frac{b^2-a^2}{2}(\log b - \log a) > (b-a)^2$$

$$\therefore \quad \frac{\log b - \log a}{b-a} > \frac{2}{a+b}$$

$(\log x)' = \dfrac{1}{x}$ ですから，右辺は，

関数 $\log x$ の $x = \dfrac{a+b}{2}$ での接線の傾きです．

したがってこれは，右図で

「AB の傾き」＞「点 C での接線の傾き」 ……………………………①

を表しています．言いかえれば，「$[a, b]$ における $\log x$ 上の点で，その点における接線の傾きが AB の傾きに等しいような点 D が，（平均値の定理により）存在する．ところが $\log x$ の接線の傾きは x が増加するにつれて減少することを考えると，このような点はただ 1 つであり，その点は①より C の左側にある」です．

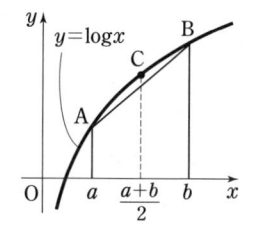

§10　不等式の拡張（2）　　99

4. 作ってみたい積分バージョン

この3つの有名不等式の他にも、『有限個数の不等式の積分バージョン』はいろいろと考えられます。

たとえば、次のようなものはどうでしょうか。

問題5

$f(x)$ は $a \leq x \leq b$ [a, b は定数] で正数値をとる連続な関数であり、この区間での最大値は M である。

このとき、$\displaystyle\lim_{n\to\infty}\left(\int_a^b \{f(x)\}^n dx\right)^{\frac{1}{n}} = M$

が成り立つことを証明せよ。

時折入試ネタにもなるテーマですが、背景は単純です。

たとえば3つの正数 a_1, a_2, a_3 ($a_1 \leq a_2 \leq a_3$) について、

$\displaystyle\lim_{n\to\infty}(a_1{}^n + a_2{}^n + a_3{}^n)^{\frac{1}{n}}$ を考えると、

$$a_3{}^n \leq a_1{}^n + a_2{}^n + a_3{}^n \leq 3a_3{}^n \quad \cdots\cdots ①$$

ですから、$a_3 \leq (a_1{}^n + a_2{}^n + a_3{}^n)^{\frac{1}{n}} \leq \sqrt[n]{3}\, a_3 \quad \cdots\cdots ②$

ここで、$n \to \infty$ とすると $\sqrt[n]{3} \to 1$ となるので、ハサミウチの原理により、

$$\lim_{n\to\infty}(a_1{}^n + a_2{}^n + a_3{}^n)^{\frac{1}{n}} = a_3 \ (= \mathrm{Max}(a_1, a_2, a_3))$$

です。この"有限個の場合"を応用してみましょう。

【解説】

区間 $[a, b]$ における $f(x)$ の最大値を M、最小値を m とすると、

$0 < \varepsilon < M - m$

なる任意の ε について、最大値 M を含む区間 $[c, d]$ が存在し、

 $[a, b]$ で $0 \leq f(x) \leq M$

 $[c, d]$ で $M - \varepsilon \leq f(x) \leq M$ かつ $d - c \leq b - a$

であることを考えれば、明らかに、

$$(d-c)(M-\varepsilon)^n \leq \int_a^b \{f(x)\}^n dx \leq (b-a)M^n \quad \cdots\cdots ①'$$

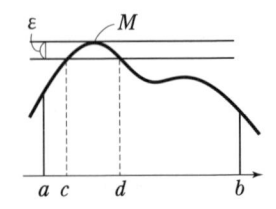

(これが上の①にあたる)

よって，各辺を「n 分の 1 乗」することにより，

$$\sqrt[n]{d-c}\,(M-\varepsilon) \leq \left(\int_a^b \{f(x)\}^n dx\right)^{\frac{1}{n}} \leq \sqrt[n]{b-a}\,M \cdots\cdots\cdots\cdots ②'$$

(これが②にあたる)

ここで $n\to\infty$ とすると，$\sqrt[n]{d-c}\to 1$, $\sqrt[n]{b-a}\to 1$ であり，ε は n とは無関係にいくらでも小さくできることから，$\varepsilon\to 0$ とすれば，ハサミウチの原理により，

$$\lim_{n\to\infty}\left(\int_a^b \{f(x)\}^n dx\right)^{\frac{1}{n}} = M$$

     *   *   *

このように，いろいろな不等式の積分バージョンが作れるわけですが，それでは，Jensen の不等式（☞§4）のような強力な不等式が，積分バージョンになるとどうなるかは興味深いところです．

たとえば，$[a, b]$ で下に凸な関数 $f(x)$ ($f(x)>0$, $f''(x)>0$) を考えると，Jensen の不等式は，

 $p_1+p_2+\cdots+p_n=1$, 各 $p_i>0$ なる $p_1\sim p_n$ に対し，

 $p_1 f(x_1)+p_2 f(x_2)+\cdots+p_n f(x_n) \geq f(p_1 x_1+p_2 x_2+\cdots+p_n x_n)$

です．積分の形にもちこむために

 $p_1=p_2=\cdots=p_n=\dfrac{1}{n}$ とおくと

$$\dfrac{f(x_1)+f(x_2)+\cdots+f(x_n)}{n} \geq f\!\left(\dfrac{x_1+x_2+\cdots+x_n}{n}\right)$$

です．$x_1\sim x_n$ は区間 $[a, b]$ を n 等分する点とし，$n\to\infty$ とすると，

左辺 $\to \displaystyle\lim_{n\to\infty}\dfrac{1}{b-a}\sum_{k=1}^{n}f(x_k)\dfrac{b-a}{n}=\dfrac{1}{b-a}\int_a^b f(x)dx$

右辺 $\to f\!\left(\dfrac{a+b}{2}\right)$

となります．従って，

$$\int_a^b f(x)dx \geq (b-a)f\!\left(\dfrac{a+b}{2}\right)$$

となるわけですが，これは右図で，

  斜線部分の面積 ≧ 網目部分の面積

を表すわけです．

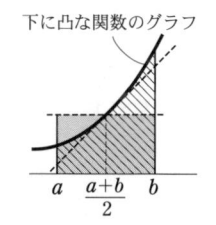

§10 不等式の拡張（2）

しかし…，あの強力な Jensen の不等式からの成果がたったこれくらいではつまりません．

5. ヘルダーの不等式

そこで今回は，Jensen の不等式から，ヘルダーの不等式と呼ばれる不等式を導き，さらに，それを，積分バージョンに拡張してみます．難しいが有名な不等式です．

問題 6

区間 $[a, b]$ で，下に凸な関数 $f(x)$ $(f''(x)>0)$ について Jensen の不等式
$$f(p_1 x_1 + p_2 x_2 + \cdots + p_n x_n) \leq p_1 f(x_1) + p_2 f(x_2) + \cdots + p_n f(x_n)$$
が成り立つことを既知とする．

（1） $\dfrac{1}{s}+\dfrac{1}{t}=1$ $(s>1, t>1)$ なる実数 s, t に対し，$f(x)=x^t$ とし，

$x_i = \dfrac{b_i}{a_i^{s-1}}$, $p_i = \dfrac{a_i^s}{\sum\limits_{k=1}^{n} a_k^s}$ とおくことにより，Jensen の不等式から，

$a_1 b_1 + a_2 b_2 + \cdots + a_n b_n$
$$\leq (a_1^s + a_2^s + \cdots + a_n^s)^{\frac{1}{s}} (b_1^t + b_2^t + \cdots + b_n^t)^{\frac{1}{t}}$$

を導け．ただし $f(x)$ は $x>0$ で下に凸で，各 $a_i, b_i > 0$ とする．

（2）（1）の不等式の積分バージョンを考えてみよ．

（1）（2）とも計算力，発想力は必要としませんので，ぜひ自力で考えてみてください．

【解説】

（1） 代入すると，

$$f\left(\sum_{i=1}^{n} \dfrac{a_i^s}{\sum\limits_{k=1}^{n} a_k^s} \cdot \dfrac{b_i}{a_i^{s-1}}\right) \leq \sum_{i=1}^{n} \dfrac{a_i^s}{\sum\limits_{k=1}^{n} a_k^s} f\left(\dfrac{b_i}{a_i^{s-1}}\right)$$

すなわち，

$$\left(\frac{a_1b_1+a_2b_2+\cdots+a_nb_n}{\sum_{i=1}^{n} a_i{}^s}\right)^t \leq \frac{1}{\sum_{i=1}^{n} a_i{}^s}\sum_{i=1}^{n} a_i{}^{s-t(s-1)}b_i{}^t$$

ここで $\dfrac{1}{s}+\dfrac{1}{t}=1$ より $s+t=st$ だから，さらに式を変形して，

$$(a_1b_1+a_2b_2+\cdots+a_nb_n)^t \leq \left(\sum_{i=1}^{n} a_i{}^s\right)^{t-1}\left(\sum_{i=1}^{n} b_i{}^t\right)$$

両辺を「t 分の 1 乗」すれば，

$$a_1b_1+a_2b_2+\cdots+a_nb_n \leq \left(\sum_{i=1}^{n} a_i{}^s\right)^{\frac{1}{s}}\left(\sum_{i=1}^{n} b_i{}^t\right)^{\frac{1}{t}}$$

$$= (a_1{}^s+\cdots+a_n{}^s)^{\frac{1}{s}}(b_1{}^t+\cdots+b_n{}^t)^{\frac{1}{t}}$$

この，導いた不等式をヘルダーの不等式といいます．$s=t=2$ の場合は，何とコーシー・シュワルツの不等式そのものですから，これはコーシー・シュワルツの不等式の拡張ともいえるでしょう．

(2) 今までの経験から，ヘルダーの不等式を積分バージョンに拡張すると，

$f(x) \geq 0,\ g(x) \geq 0,\ \dfrac{1}{s}+\dfrac{1}{t}=1,\ s,t>1$ なる $s,\ t,\ f(x),\ g(x)$ に対し，

$$\int_a^b f(x)g(x)dx \leq \left\{\int_a^b (f(x))^s dx\right\}^{\frac{1}{s}}\left\{\int_a^b (g(x))^t dx\right\}^{\frac{1}{t}}$$

となります．

§10 不等式の拡張（2）

数II，数B

§11 不等式のイメージと論理

§9，§10と，不等式を拡張するやや難しい話をしましたが，今回は再び初心にかえって，実戦的な話をします．内容は，
　① 式の背後にイメージや意味を見る
　② ちょっとした論理的操作ができるようになるとは
という2本立てです．

1．不等式の背後に隠れている意味

みなさんは，"三角不等式"といわれたら，何を連想しますか？ 実は三角不等式もいろいろな形をしているのですが，

① 実数 x, y について，
　　$|x+y| \leq |x|+|y|$

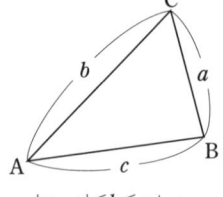

② $\vec{a}$, $\vec{b}$ について，
　　$|\vec{a}+\vec{b}| \leq |\vec{a}|+|\vec{b}|$ ……………………☆

③ 右図で，三角形の2辺の和は他の1辺より大きい．
　（三角形がつぶれる場合だけ等しくなる）

$|a-c| \leq b \leq a+c$

というところが主かと思います．

このうち，②と③はほぼ同内容で，①は②の"1次元バージョン"ですから，結局②（＝③）がメインテーマでしょうか．

そこでやさしい問題をやってもらいます．

問題1

すべての実数 a_1, a_2, a_3, b_1, b_2, b_3 に対して，
$$\sqrt{(a_1+b_1)^2+(a_2+b_2)^2+(a_3+b_3)^2}$$
$$\leq \sqrt{a_1{}^2+a_2{}^2+a_3{}^2}+\sqrt{b_1{}^2+b_2{}^2+b_3{}^2}$$
が成立することを示せ．　　　　　　　　　（00　明治大）

式と基本手法だけが見える人は，ひたすら両辺を2乗してくらべるかも．しかし，これは当然背後に三角不等式が見えてほしい形をしています．
【解説】
$\vec{a}=(a_1, a_2, a_3)$, $\vec{b}=(b_1, b_2, b_3)$ とおくと，証明すべき不等式は $|\vec{a}+\vec{b}| \leq |\vec{a}|+|\vec{b}|$ で三角不等式そのものです．

同レベルの問題をもう2つほどやってもらいましょう．ただし，いずれも式の背後の"意味"を見ぬいて，三角不等式として処理してください．

問題 2

実数 a, b, c, d に対して，不等式
$$|\sqrt{a^2+b^2}-\sqrt{c^2+d^2}| \leq |a-c|+|b-d|$$
が成り立つことを示せ． （00 室蘭工大［やや改］）

三角不等式☆は，$\vec{b} \Rightarrow -\vec{b}$ とおき直すことで，$|\vec{a}-\vec{b}| \leq |\vec{a}|+|\vec{b}|$ となります．また，$\vec{a} \Rightarrow \vec{a}-\vec{b}$ とおき直すと，$|\vec{a}| \leq |\vec{a}-\vec{b}|+|\vec{b}|$ となり，これより
$$||\vec{a}|-|\vec{b}|| \leq |\vec{a}-\vec{b}| \quad \cdots\cdots\cdots\cdots ☆☆$$
が導かれます．これを使うことにしましょう．
【解説】
$\vec{x}=(a, b)$, $\vec{y}=(c, d)$, $\vec{z}=(c, b)$ とする．
すると与えられた不等式は
$$||\vec{x}|-|\vec{y}|| \leq |\vec{x}-\vec{z}|+|\vec{z}-\vec{y}|$$
と書き直される．ここで☆☆と☆を用いると，
$$||\vec{x}|-|\vec{y}|| \leq |\vec{x}-\vec{y}| \quad (\because \ ☆☆)$$
$$= |(\vec{x}-\vec{z})+(\vec{z}-\vec{y})|$$
$$\leq |\vec{x}-\vec{z}|+|\vec{z}-\vec{y}| \quad (\because \ ☆)$$
だから，証明すべき不等式は示された．

問題 3

x, y, z を実数とするとき，
$$|x-y| \geq |\sqrt{x^2+z^2}-\sqrt{y^2+z^2}|$$

---

§11 不等式のイメージと論理　　105

を示せ． （99　横浜国大・教）

これも気づけば一発です．

【解説】
$\vec{a}=(x, 0)$, $\vec{b}=(y, 0)$, $\vec{c}=(0, z)$ とする．
$\vec{a}$, $\vec{b}$, $\vec{c}$ で問題の不等式を書きかえると，
$$|\vec{a}-\vec{b}| \geqq ||\vec{a}+\vec{c}|-|\vec{b}+\vec{c}||$$
となるが，これは☆☆で $\vec{a} \Rightarrow \vec{a}+\vec{c}$, $\vec{b} \Rightarrow \vec{b}+\vec{c}$ と変えたものにすぎない．

＊　　　＊　　　＊

ちなみに等号成立条件の吟味まですることすれば，ちょっと厄介です．$x=0$ や $y=0$, $z=0$ の場合などを場合分けしなければならなくなるからです．

一応，図形的に眺めた本問の不等式の意味を，右に図示しておきます．つまり，右図で，
$$a \geqq |b-c|$$
という三角不等式が成り立つということです．

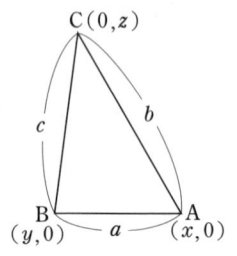

2. 背後の意味としての傾き

今度は，三角不等式（距離の不等式）ではないが，背景に図形的な意味を見ることができる不等式について見ていきましょう．

問題 4

正の数 $a_1, a_2, \cdots, a_n, b_1, b_2, \cdots, b_n$ について，$\dfrac{b_i}{a_i}$ ($i=1, 2, \cdots, n$) のうち最大のものが $\dfrac{b_n}{a_n}$，最小のものが $\dfrac{b_1}{a_1}$ だとする．またこれら n 個のうちに同じ値のものはないものとする．このとき，
$$\frac{b_1}{a_1} < \frac{b_1+b_2+\cdots+b_n}{a_1+a_2+\cdots+a_n} < \frac{b_n}{a_n}$$
であることを証明せよ．

よくあるタイプの不等式ですが，図形的には次のような事実を背景にしています．

見やすいように添え字をつけかえて，
$$\frac{b_1}{a_1}<\frac{b_2}{a_2}<\frac{b_3}{a_3}<\cdots<\frac{b_n}{a_n}$$
とし，$\vec{x_1}=(a_1, b_1)$，$\vec{x_2}=(a_2, b_2)$，$\cdots$，$\vec{x_n}=(a_n, b_n)$ とします．すると，$\vec{x_1}, \vec{x_2}, \cdots$ の傾きは，図のようにしだいに増加していきます．ところで，$\dfrac{b_1+b_2+\cdots+b_n}{a_1+a_2+\cdots+a_n}$
が図の AB の傾きを表すことは明らかなので，
$$(\vec{x_1} \text{の傾き})<(\text{AB の傾き})<(\vec{x_n} \text{の傾き})$$
も，直観的には，ほぼ自明でしょう．

では，これを数式で示すにはどうするのでしょうか？　昔から「分数式は k とおけ！」という格言（？）がありましたっけ……

【解説】

$\dfrac{b_1}{a_1}=m$，$\dfrac{b_n}{a_n}=M$ とおくと，$m\leqq\dfrac{b_i}{a_i}\leqq M$

（等号成立は，$i=1$ のときの 左辺＝中辺，$i=n$ のときの 中辺＝右辺 のみ）

よって，$ma_i\leqq b_i\leqq Ma_i$

これらの式を $i=1\sim n$ にわたって加えると，
$$m(a_1+a_2+\cdots+a_n)<b_1+b_2+\cdots+b_n<M(a_1+a_2+\cdots+a_n)$$
すべての辺を $a_1+a_2+\cdots+a_n$ で割って，示すべき式を得る．

問題 5

4 点 $P_1(x_1, y_1)$，$P_2(x_2, y_2)$，$P_3(x_3, y_3)$，$P_4(x_4, y_4)$ に対し，$x_1<x_2<x_3<x_4$ であるときは，3 つの線分 P_1P_2，P_2P_3，P_3P_4 の傾きのうち最大のものを G，最小のものを g とすると，
$$g\leqq(\text{線分 } P_1P_4 \text{ の傾き})\leqq G$$
であることを証明せよ．

（大昔のお茶の水女子大）

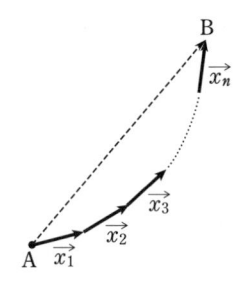

前問と同工異曲です。

右図で，l_1，l_2，l_3 の傾きのうち，最小のものと最大のものとの間に P_1P_4 の傾きがはさまれるということですから，直観的には明らかでしょう。

しかし，今度は傾きが負の場合もありえますから，ひとまず慎重に，数式で処理することになります。

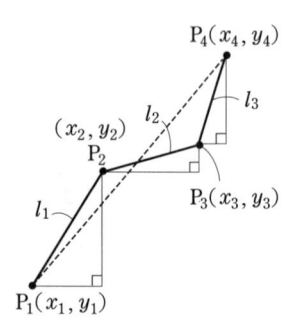

【解説】

$$g \leqq \frac{y_2-y_1}{x_2-x_1} \leqq G, \quad g \leqq \frac{y_3-y_2}{x_3-x_2} \leqq G, \quad g \leqq \frac{y_4-y_3}{x_4-x_3} \leqq G$$

となります。$(x_2-x_1), (x_3-x_2), (x_4-x_3) > 0$ ですから，分母をはらって，

$$g(x_2-x_1) \leqq y_2-y_1 \leqq G(x_2-x_1)$$
$$g(x_3-x_2) \leqq y_3-y_2 \leqq G(x_3-x_2)$$
$$g(x_4-x_3) \leqq y_4-y_3 \leqq G(x_4-x_3)$$

この3式を辺々足すと，

$$g(x_4-x_1) \leqq y_4-y_1 \leqq G(x_4-x_1)$$

$$\therefore \quad g \leqq \frac{y_4-y_1}{x_4-x_1} = (線分 P_1P_4 の傾き) \leqq G$$

となります。

3. ちょっとした論理

以上で式の背後に図形的意味を見る演習はひとまず終えて，第2の課題である"ちょっとした論理を使いこなす"方に入りましょう。

たとえば"ちょっとした"というのはどのようなことをさすのでしょうか？

問題6

次の問いに答えよ。

(1) $x \geqq 0$，$y \geqq 0$ のとき，つねに不等式
$$\sqrt{x+y} + \sqrt{y} \geqq \sqrt{x+ay}$$
が成り立つような正の定数 a の最大値を求めよ。

(2) a を(1)で求めた値とする。$x \geqq 0$，$y \geqq 0$，$z \geqq 0$ のとき，つねに不等式
$$\sqrt{x+y+z} + \sqrt{y+z} + \sqrt{z} \geqq \sqrt{x+ay+bz}$$

が成り立つような正の定数 b の最大値を求めよ．

(98　横浜国大)

この問題には，実にいろいろな手筋が使えます．

【解説】
(1) まず考えるべきことは何でしょうか？ それは，「x, y がどのような 0 以上の値でも不等式が成立する」ことから，a の値の見当をつけることです．

式の形をよく見ると，a は y だけにかけられています．すると，y の値を極端に大きくしたときは，x なんてホコリのように小さいものだと考えられます．

すると y を大きくするとき，x はほとんど無視でき，
与えられた不等式は，　　$\sqrt{y}+\sqrt{y} \geqq \sqrt{ay}$
のようなものです．

そこで，多分，=（等号）が成立するときの a の値が，求めるべき a の値なのだろうと見当をつけます．

このとき，$a=4$ です．

そこで，$a=4$ を予想して，今度は $a=4$ の必要性と十分性を考えます．

まず，$x=0$ とすると，
$$与式 \Rightarrow 2\sqrt{y} \geqq \sqrt{ay} \iff a \leqq 4$$
ですから，$a \leqq 4$ は必要です．

そこで，答の候補は 4 以下ということになりますが，4 のとき与式が証明できれば，これで十分です．

そこで，
$$\sqrt{x+y}+\sqrt{y} \geqq \sqrt{x+4y} \quad \cdots\cdots ①$$
両辺は正ですので 2 乗して，
$$① \iff x+2y+2\sqrt{(x+y)y} \geqq x+4y$$
$$\iff \sqrt{(x+y)y} \geqq y \quad \cdots\cdots ②$$
両辺は正ですのでさらに 2 乗して，
$$② \iff (x+y)y \geqq y^2 \text{ となり，これは自明です．}$$
よって，a の最大値は 4 です．

　　　　　　　　＊　　　　＊　　　　＊

さて，ここまでで終わりならたいしたことはないのですが，まだ先があり

§11　不等式のイメージと論理　　109

ます.

（2）（1）と同様 z を大きくして，x, y はホコリと見なせば，
左辺÷$3\sqrt{z}$ ≧ $\sqrt{bz}$ なので，$b=9$ ではないかと見当がつきます.

次に，$x=y=0$ のとき式が成り立つことから，
$$3\sqrt{z} \geq \sqrt{bz} \quad つまり \quad b \leq 9$$
が成り立つことが必要です.

逆に，$\sqrt{x+y+z}+\sqrt{y+z}+\sqrt{z} \geq \sqrt{x+4y+9z}$ ……………………③
が成り立つことを証明できれば十分なのですが，普通はここでハタと手が止まります.

何回も両辺を平方すればできそうだけれど，面倒くさそうだァ……

というわけで，次のどれかの手筋を使うことになります.

1° ともあれ，平方の計算を強行.
2° x の関数と見る.
3° （1）を利用する.
4° 一般形の本質を考える.

ここではとりあえず 3° で行きましょう.
$$\sqrt{x+y+z}+\sqrt{y+z}+\sqrt{z}$$
$$=\sqrt{x+(y+z)}+\sqrt{y+z}+\sqrt{z} \geq \sqrt{x+4(y+z)}+\sqrt{z}$$
は，すべての x, y, z について成り立つので，あとは，
$$\sqrt{x+4y+4z}+\sqrt{z} \geq \sqrt{x+4y+9z}$$ ……………………④
を示せばよいのです．両辺は非負ですから平方して，
$$④ \iff x+4y+5z+2\sqrt{z(x+4y+4z)} \geq x+4y+9z$$
$$\iff \sqrt{z(x+4y+4z)} \geq 2z$$
$$\iff xz+4yz+4z^2 \geq 4z^2$$

これはアタリマエ（∵ $x, y, z \geq 0$）ですから，③が示されたことになります.

したがって，b の最大値は **9** です.

　　　　　　＊　　　　　＊　　　　　＊

さて，とりあえずのまとめをしておくと，"ちょっとした考え方" として

① 具体的な値（それも極端な値など）を代入して，予想をつける．（ここでは $y \to \infty$ とか $x=0$ として考えた）

② 必要条件，十分条件の議論ができるようになる．
（本問では，（1）で $a \leq 4$ が必要．$a=4$ なら十分（O.K.）として示した).

③ くりかえしの構造を見ぬく．（本問では（1）の利用）
を使ったわけですが，本問をそれだけで終わらせるのはもったいない…．

そこで，ちょっとした論理から少し脱線して，本問の行きつく先（一般形）を考えてみましょう．すると，

$$\sqrt{a_1+a_2+\cdots+a_n}+\sqrt{a_2+\cdots+a_n}+\sqrt{a_3+\cdots+a_n}+\cdots+\sqrt{a_n}$$
$$\geq \sqrt{a_1+4a_2+9a_3+\cdots+k^2a_k+\cdots+n^2a_n}$$

となるらしいことは容易に推論できますね（各 $a_i \geq 0$）．

ここから，$a_1+a_2+\cdots+a_n=x_1$, $a_2+\cdots+a_n=x_2$, $\cdots$, $a_n=x_n$ などとおきかえると，次のような問題ができます．

問題7

正の数 $x_1 \sim x_n$ について，$x_1 \geq x_2 \geq \cdots\cdots \geq x_n$ とする．このとき，次の不等式が成り立つことを示せ．
$$\sqrt{x_1}+\sqrt{x_2}+\cdots+\sqrt{x_n} \geq \sqrt{x_1+3x_2+\cdots+(2n-1)x_n}$$

なかなかきれいな問題ができましたね．でも試験でいきなり出されたらあわてるかもしれません．

等号成立条件を調べてみると，$x_1=x_2=\cdots\cdots=x_n$ のとき成り立ちますから，『相加・相乗』や『チェビシェフ』『コーシー』で行けるのではないかと思ってためしはじめるとハマリます．

数学的帰納法でも解けますが，実は一番単純な次が最もてっとりばやいのです．

【解説】

$a_1 \geq a_2 \geq \cdots \geq a_n > 0$ とする．

$(a_1+a_2+\cdots+a_n)^2 = a_1^2 + a_2(2a_1+a_2) + a_3(2a_1+2a_2+a_3)$
$\qquad + a_4(2a_1+2a_2+2a_3+a_4) + \cdots + a_n(2a_1+2a_2+\cdots+2a_{n-1}+a_n)$
$\geq a_1^2 + 3a_2^2 + 5a_3^2 + 7a_4^2 + \cdots + (2n-1)a_n^2$

ここで $a_1 \Rightarrow \sqrt{x_1}$, $a_2 \Rightarrow \sqrt{x_2}$, $\cdots$, $a_n \Rightarrow \sqrt{x_n}$ とすると，
$$(\sqrt{x_1}+\sqrt{x_2}+\cdots+\sqrt{x_n})^2 \geq x_1+3x_2+\cdots+(2n-1)x_n$$

あとは，両辺を「2分の1乗」してできあがりです．

*　　　　*　　　　*

さて，本題に戻って，"ちょっとした論理"を扱う問題を見てみましょう．

§11 不等式のイメージと論理

問題8

x, y, z は0以上の実数で $x+y+z=1$ を満たす．このとき，次の不等式が成り立つことを示せ．

$$0 \leq xy+yz+zx-2xyz \leq \frac{7}{27}$$

（84　数学オリンピック世界大会）

難しそうですが，レベルは難関大学の入試程度です．

エレガントな方法もあるのですが，ここでは日本の大学受験生に好まれそうな，力業（微分）でやってみます．

【解説】

中辺の文字数は3個ですが，$x+y+z=1$ という制約があるので，基本的には2変数です．

これを「何とか1変数の形でカバーできないか」というのが目のつけどころです．

① まず，中辺≥ 0 を示す．

中辺$=xy(1-z)+xz(1-y)+yz \geq 0$ なので O.K.

② 中辺$\leq \dfrac{7}{27}$ を示す．

まず，与式は x, y, z について対称な形なので，$x \leq y \leq z$ として証明して構いません．

そこで，$x \leq \dfrac{1}{3}$ となります．この条件下で，

中辺$=x(y+z)+yz(1-2x)=x(1-x)+yz(1-2x)$

ここで，x を固定すると（$1-2x>0$ より）yz はなるべく大きい値をとる場合を考えてよいのです．そこで，

中辺$\leq x(1-x)+\dfrac{(y+z)^2}{4}(1-2x)=x(1-x)+\dfrac{(1-x)^2(1-2x)}{4}$

$\left[(y-z)^2 \geq 0 \text{ より } 4yz \leq (y+z)^2 \quad \therefore \quad yz \leq \dfrac{(y+z)^2}{4} \right]$

$f(x)=x(1-x)+\dfrac{(1-x)^2(1-2x)}{4}$ とおくと

$f'(x)=-\dfrac{3}{2}x\left(x-\dfrac{1}{3}\right)$

これより $f(x)$ は $0 \leq x \leq \dfrac{1}{3}$ で増加するので,

中辺 $\leq f(x) \leq f\left(\dfrac{1}{3}\right) = \dfrac{7}{27}$ （等号は $x = \dfrac{1}{3}$ のとき，このとき y も z も $\dfrac{1}{3}$ となる）

＊　　＊　　＊

等号成立条件を $x=y=z$ のときとにらんで，なるべく1変数の形の式で，上限を押さえようとした方法が功を奏したわけです．

このように，対称な形をした3変数の式で $x+y+z=k$ などという条件の実質2変数関数を考える場合，

＊ $\begin{cases} \text{すぐに1文字を消去しないで，3変数のまま式変形し（その際，}y, \\ z\text{については式が対称になるよう注意しておく），最後に上限を} \\ yz \Rightarrow (y+z) \text{ の式（即ち } (k-x) \text{ の式）にとりかえることで，1変} \\ \text{数に帰着させる．} \end{cases}$

という方法は，意外に用いられることが多いものです．

たとえば，

「$x+y+z=1$ $(x, y, z > 0)$ のとき $x^3+y^3+z^3 \geq \dfrac{1}{9}$ を示せ」

というような問題の場合，もちろん，別解法もあるわけですが，上記＊のような方法も意外に有力です．

すなわち，

$x^3+y^3+z^3 = x^3+(y+z)^3-3yz(y+z)$

$\geq x^3+(y+z)^3 - \dfrac{3(y+z)^2}{4}(y+z) = x^3 + \dfrac{1}{4}(1-x)^3$

としておいてから，$f(x) = x^3 + \dfrac{1}{4}(1-x)^3$ の増減を調べて $f(x) \geq \dfrac{1}{9}$ を導くわけです．

§12 立体と不等式

数 I, II, A, B

不等式の最後のテーマは"図形と不等式"でしめようと思って，過去問を調べたり，問題研究をしたりしてみたのですが，実は平面図形の方は，問題が大量にあるわりに，面白味のあるものが少ないのです．（たとえば「円に内接する三角形のうち面積が最大であるのは正三角形である」というようなパターン化された問題なら沢山あるし，単なる計算問題もゴマンとあるが，本質をついた問題は少ないということ）

そこで，今回は趣向を変えて，空間図形（立体）と不等式に関する本質的な不等式を2つ扱ってみようと思います．

1. 角度の不等式

まず，大学入試問題に取りくんでもらいましょう．

問題1

空間内の直線 L を共通の境界線とし，角 θ で交わる2つの半平面 H_1, H_2 がある．H_1 上に点 A，L 上に点 B，H_2 上に点 C がそれぞれ固定されている．ただし，A，C は L 上にはないものとする．

半平面 H_1 を，L を軸として，$0 \leq \theta \leq \pi$ の範囲で回転させる．このとき，θ が増加すると，$\angle \mathrm{ABC}$ も増加することを証明せよ．

（92 東大（後期，一部略））

右のように図を描いて考えます．
余弦定理より，

$$\cos \angle \mathrm{ABC} = \frac{a^2 + b^2 - \mathrm{AC}^2}{2ab}$$

（AB$=a$, BC$=b$ とおいた）であり，a, b は定数ですから，

AC が大きくなればなるほど，$\cos \angle \mathrm{ABC}$ は減少．

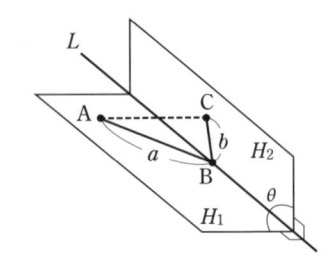

また，$\cos x$ は $0 \leq x \leq \pi$ において，減少関数ですから，$\cos \angle ABC$ が減少すればするほど，「$\angle ABC$ は増加」ということになります．そこで……

【解説】

（前文より）θ が増加すると，AC も増加することを示せばよい．

右図のように，A，C から直線 L に垂線 AA′，CC′ を下ろし，AA′，CC′ をそれぞれ s，u とし，A′C′$=t$ とすると s，u，t は定数で，

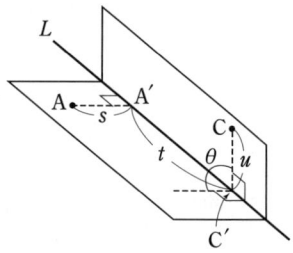

$$AC^2 = (s - u\cos\theta)^2 + t^2 + (u\sin\theta)^2$$
$$= (s^2 + t^2 + u^2) - 2su\cos\theta \cdots\cdots ①$$

①は（$su > 0$ より）θ が増加すると，それに伴って増加するので，AC もまた増加する．

よって（前文より）$\angle ABC$ もまた増加する．

＊　　　＊　　　＊

さて，この問題をなぜ冒頭で取りあげたかといえば，それが次の重要な不等式の証明につながるからです．

問題 2

空間の 1 点 O から，3 つの半直線 OA，OB，OC がのびている（ただし，4 点が同一平面上にはないとする）．このとき，

$$\angle AOB + \angle BOC > \angle COA$$

であることを示せ．

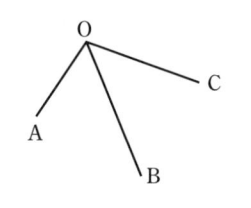

立体を想像するとアタリマエのような気がしてくる不等式で，いわば"角度の三角不等式"ですが，このように基本的な事柄であればあるほど，いざ証明せよといわれると難しいのです．

そこで，せっかくですから，問題 1 の結果を利用することにしましょう．

【解説】

空間内の直線 OB を共通の境界線として，角 θ で交わる 2 つの半平面 H_1，H_2 を考え，A は H_1 上に，C は H_2 上にあるとします（H_1，H_2 のなす角 θ は

$0<\theta<\pi$).

このとき，問題1より，

一般の $\angle AOC < (\theta=\pi$ のときの $\angle AOC) = \angle AOB + \angle BOC$

となるので，題意が成立します．

＊　　　＊　　　＊

さて，この角度についての不等式をここでは勝手に，『角度の三角不等式』と呼んでおくことにします．すると，次のような問題がたちどころに解けます．

（初等的なパズルの楽しさがありますから必ず自力で解いてください．『角度の三角不等式』しか使いません！！）

問題3

次の各問いに答えよ．

（1）空間内の相異なる4点 A，B，C，D について，

不等式 $\angle ABC + \angle BCD + \angle CDA + \angle DAB \leqq 2\pi$

が成り立つことを証明せよ．ただし角の単位はラジアンを用いる．

（先の92　東大（後期）の続き）

（2）三角すい O-ABC について，

$\angle AOB + \angle BOC + \angle COA < 2\pi$

が成り立つことを証明せよ．

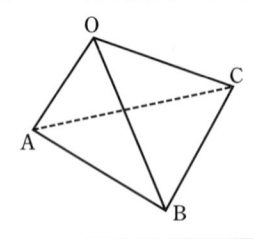

（1）は，すでにやさしすぎるほどやさしいでしょう．とはいえ（2）はちょっと苦労するかもしれません．

【解説】

（1）『角度の三角不等式』より

$\angle BCD \leqq \angle BCA + \angle DCA$

$\angle DAB \leqq \angle DAC + \angle BAC$

よって，

$\angle ABC + \angle BCD + \angle CDA + \angle DAB$

$\leqq \angle ABC + (\angle BCA + \angle DCA)$

$\qquad + \angle CDA + (\angle DAC + \angle BAC)$

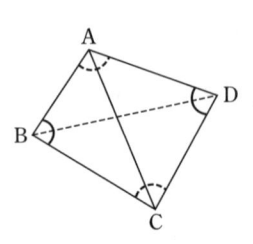

$$= (\angle ABC + \angle BCA + \angle BAC)$$
$$+ (\angle DCA + \angle CDA + \angle DAC) = \pi + \pi = 2\pi$$

くだくだしく書きましたが，要するに△ABC，△ACDの内角の和はともにπなので，それらの和とくらべただけの話です．

（2）これは，点Oの周辺の角ばかりをいじっていてもうまくいきません．

右図のように角を定めます（ア〜カとp, q, r）．

また，底面の△ABCの3つの内角を∠A，∠B，∠Cのように記すことにします．

すると『角度の三角不等式』より，

$$\left. \begin{array}{l} \mathcal{P}+\mathcal{A}>\angle B \\ \mathcal{\dot{V}}+\mathcal{I}>\angle C \\ \mathcal{A}+\mathcal{D}>\angle A \end{array} \right\} \Rightarrow \therefore \mathcal{P}+\mathcal{A}+\mathcal{\dot{V}}+\mathcal{I}+\mathcal{A}+\mathcal{D} > \angle A + \angle B + \angle C = \pi \quad \cdots\cdots (*)$$

ここで，

$$\mathcal{P}+\mathcal{D}=\pi-p, \quad \mathcal{A}+\mathcal{\dot{V}}=\pi-q, \quad \mathcal{I}+\mathcal{A}=\pi-r$$

の辺々を足して，

$$\mathcal{P}+\mathcal{A}+\mathcal{\dot{V}}+\mathcal{I}+\mathcal{A}+\mathcal{D}=3\pi-(p+q+r)$$

よって(*)に代入して，

$$3\pi-(p+q+r)>\pi \quad \therefore \quad p+q+r<2\pi$$

   *   *   *

簡単ではあるものの，ちょっと粋な証明ですね．

ところで，先程『角度の三角不等式』と呼んだのにはちょっとしたワケがあるのです．

実は，球面上で（右図参照）右図AからBまで（球面上のみを通っていく）最短経路は3点A，B，Oを含む大円（中心Oを含む平面で球を切断したとき現われる円）の劣弧（短い方の弧）ABです．

この事実は証明を要するのですが，難しくはないものの少々厄介（基礎的事実だけに公理から示さねばならず，段階をいくつか踏むので記述が面倒）なのです．

しかし，これを「直観的に明らか」と（乱暴に）断定してしまえば，先程からの議論はみな自明になってしまうのです．

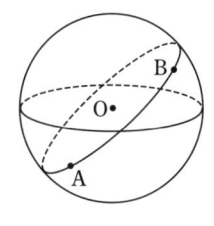

§12 立体と不等式

> **問題4**
>
> 　　上記——部はすでに証明されているものとして，次の各問いに答えよ．
> （1）　問題2の説明を試みよ．
> （2）　問題3（2）を再び証明してみよ．

　問題2では，Oを中心とする半径1の球を考え，図の平面Hより下にある半球面上に3点A，B，Cをとったと考えても一般性を失いません．すると……

（1）　球面上で，
　　（AC間の最短距離）
　　　　＜（AB間の最短距離）＋（BC間の最短距離）
　ですが，これはそのまま
　　　　$\angle AOC < \angle AOB + \angle BOC$
　ということです．

（2）　直線BOと球Oのもう1つの交点をB′とします（OA＝OB＝OCとして証明しても一般性を失わないので，（1）と同じように考える）．すると，
　　（AC間の距離）
　　　　＜（AB′間の距離）＋（CB′間の距離）
　∴　$\angle AOC < \angle AOB' + \angle COB'$
　　　　$= (\pi - \angle AOB) + (\pi - \angle BOC)$
　よって，
　　　　$\angle AOC + \angle AOB + \angle BOC < 2\pi$

　　　　　　＊　　　　　＊　　　　　＊

　こうしてみると，球面上の距離（球面上の2点X，Yの距離を以下［XY］と略記する）についての不等式
　　　　［AB］＋［BC］≧［CA］
　　　（等号はA，B，Cが大円上にありBがAC上にあるときのみ成立）
がすべての根底にあることがわかりますね．

　この不等式を，球面上の距離についての三角不等式といいます．おそらく東大では，この不等式を念頭におきながらも，それ自体の証明は受験生には酷と考えて，問題1のような親切な誘導をつけてから，問題3（1）を出題したのでしょう．

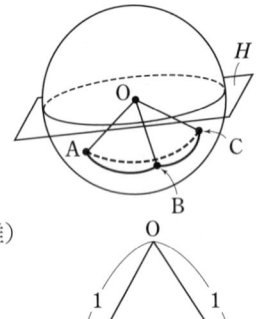

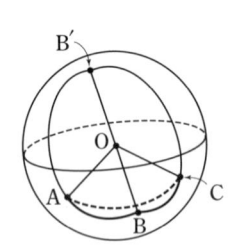

2. 距離の不等式

空間の距離についての不等式には，様々なタイプのものがあり，一つ一つ紹介していたら，博覧会状態となって目がまわりそうです．

そこで，最も基礎（基本という意味ではない）となる重要な不等式にしぼって学習しましょう．

問題 5

空間内の相異なる任意の 4 点 A，B，C，D について，
　　AB×CD＋BC×DA≧AC×BD
が成り立つことを示せ．

実は，これは平面図形において，「トレミーの定理」と呼ばれる定理の拡張バージョンになっています．

まずは平面上の4点の場合を考えましょう．トレミーの定理とは，円に内接する四角形 ABCD について，AB×CD＋BC×DA＝AC×BD が成り立つ，というものでした．ここで，A，B，C，D を平面上の任意の4点にすると，次の①が成り立ちます．

【解説】

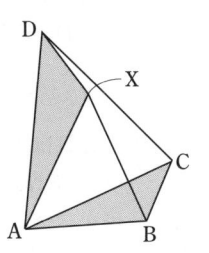

① 平面上の任意の（異なる）4 点 A，B，C，D について，
　　AB×CD＋BC×DA≧AC×BD
が成立する．

（証）

図のように，△ABC∽△AXD となるような点 X をとる.

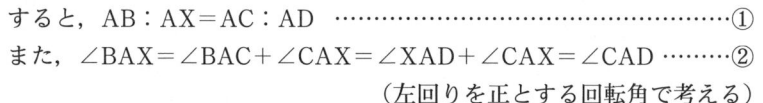

　すると，AB：AX＝AC：AD ……………………………………①
　また，∠BAX＝∠BAC＋∠CAX＝∠XAD＋∠CAX＝∠CAD ………②
　　　　　　　　　　　　（左回りを正とする回転角で考える）

　①，②より，△ABX∽△ACD であるから，AB：AC＝BX：CD
　∴　AB×CD＝AC×BX ……………………………………③
　また，はじめの相似より，

§12 立体と不等式　　119

$$AC : AD = BC : XD$$
$$\therefore \quad AD \times BC = AC \times XD \quad \cdots\cdots\cdots\cdots\cdots\cdots\cdots\cdots\cdots\cdots ④$$

③,④を辺々足して
$$AB \times CD + AD \times BC = (BX + XD) \times AC \geqq BD \times AC$$
(∵ 三角不等式により $BX + XD \geqq BD$

等号は,X が BD 上にあるときのみ成立)

2 A,B,C,D が同一平面上にない場合

半平面 H_1 と,半平面 H_2 が直線 AC を境界線としていると考える.

H_1 の上に点 B が,H_2 の上に点 D があるとする.

いま,H_1 を AC を軸に回転し,平面 H_2 とのなす角が π になるようにしたときの B の位置を B′ とする.

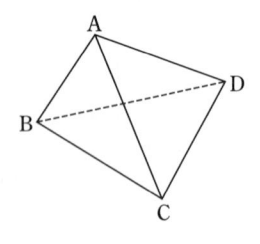

(問題 1 の解説より)B′D > BD で,このとき,A,B′,C,D は同一平面上にあるから,1より,
$$AB' \times CD + B'C \times DA \geqq AC \times B'D$$

ここで明らかに,AB′ = AB,B′C = BC だから,
$$AB \times CD + BC \times DA \geqq AC \times B'D > AC \times BD$$
となる.

*　　　　　　*　　　　　　*

さて,これは平面におけるトレミーの定理の単なる空間バージョンですから,"弱い"不等式なのかと思いきや多くの難問で大変な威力を発揮します.たとえば次の例はその最たるものでしょう.

問題 6

四面体 O-ABC について,
$$\vec{OA} = \vec{a}, \ \vec{OB} = \vec{b}, \ \vec{OC} = \vec{c}$$
とする.このとき,次の不等式が成り立つことを示せ.
$$|\vec{a}| + |\vec{b}| + |\vec{c}| + |\vec{a}+\vec{b}+\vec{c}|$$
$$> |\vec{a}+\vec{b}| + |\vec{b}+\vec{c}| + |\vec{c}+\vec{a}|$$
　　　　　　　　　　………☆

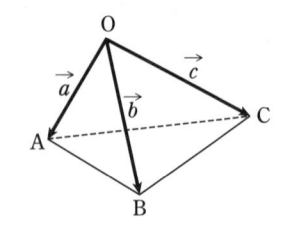

Hlawka の不等式と呼ばれる有名不等式で，計算による（空間座標を用いる）方法もありますが，ここでは空間版のトレミーの定理から示してみます．

【解説】

右図のように，平行六面体 OAEB-CGDF をこしらえておきます．

すると，
$$\left.\begin{array}{l}|\vec{a}+\vec{b}|=\text{OE}=\text{CD}\\|\vec{b}+\vec{c}|=\text{OF}=\text{AD}\\|\vec{c}+\vec{a}|=\text{OG}=\text{BD}\\|\vec{a}+\vec{b}+\vec{c}|=\text{OD}\end{array}\right\}$$

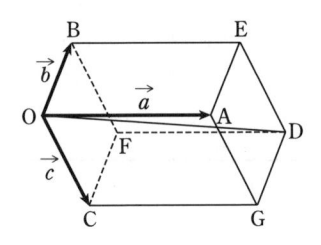

となります．

さて，☆の両辺は正ですから平方しても同値．そこで，

☆ $\iff (|\vec{a}|+|\vec{b}|+|\vec{c}|+|\vec{a}+\vec{b}+\vec{c}|)^2$
$> (|\vec{a}+\vec{b}|+|\vec{b}+\vec{c}|+|\vec{c}+\vec{a}|)^2$

$\iff |\vec{a}|^2+|\vec{b}|^2+|\vec{c}|^2+(\vec{a}+\vec{b}+\vec{c})\cdot(\vec{a}+\vec{b}+\vec{c})$
$+2(|\vec{a}|+|\vec{b}|+|\vec{c}|)|\vec{a}+\vec{b}+\vec{c}|$
$+2(|\vec{a}||\vec{b}|+|\vec{b}||\vec{c}|+|\vec{c}||\vec{a}|)$
$> (|\vec{a}|^2+2\vec{a}\cdot\vec{b}+|\vec{b}|^2)+(|\vec{b}|^2+2\vec{b}\cdot\vec{c}+|\vec{c}|^2)$
$+(|\vec{c}|^2+2\vec{c}\cdot\vec{a}+|\vec{a}|^2)$
$+2(|\vec{a}+\vec{b}||\vec{b}+\vec{c}|+|\vec{b}+\vec{c}||\vec{c}+\vec{a}|+|\vec{c}+\vec{a}||\vec{a}+\vec{b}|)$

$\iff 2(|\vec{a}|^2+|\vec{b}|^2+|\vec{c}|^2)+2(\vec{a}\cdot\vec{b}+\vec{b}\cdot\vec{c}+\vec{c}\cdot\vec{a})$
$+2(|\vec{a}|+|\vec{b}|+|\vec{c}|)|\vec{a}+\vec{b}+\vec{c}|$
$+2(|\vec{a}||\vec{b}|+|\vec{b}||\vec{c}|+|\vec{c}||\vec{a}|)$
$> 2(|\vec{a}|^2+|\vec{b}|^2+|\vec{c}|^2)+2(\vec{a}\cdot\vec{b}+\vec{b}\cdot\vec{c}+\vec{c}\cdot\vec{a})$
$+2(|\vec{a}+\vec{b}||\vec{b}+\vec{c}|+|\vec{b}+\vec{c}||\vec{c}+\vec{a}|+|\vec{c}+\vec{a}||\vec{a}+\vec{b}|)$

$\iff (|\vec{a}|+|\vec{b}|+|\vec{c}|)|\vec{a}+\vec{b}+\vec{c}|+|\vec{a}||\vec{b}|+|\vec{b}||\vec{c}|+|\vec{c}||\vec{a}|$
$> |\vec{a}+\vec{b}||\vec{b}+\vec{c}|+|\vec{b}+\vec{c}||\vec{c}+\vec{a}|+|\vec{c}+\vec{a}||\vec{a}+\vec{b}|$ ……①

ここで，O，A，G，D の 4 点に空間版トレミーの定理を適用すると，

OA×DG+AG×OD＞OG×AD

$\iff |\vec{a}||\vec{b}|+|\vec{c}||\vec{a}+\vec{b}+\vec{c}|>|\vec{c}+\vec{a}||\vec{b}+\vec{c}|$ ……………………②

§12 立体と不等式

同様に, O, B, E, D の 4 点に用いて,
 OB×ED+BE×OD>OE×BD
$\iff |\vec{b}||\vec{c}|+|\vec{a}||\vec{a}+\vec{b}+\vec{c}|>|\vec{a}+\vec{b}||\vec{c}+\vec{a}|$ ……③
さらに, O, C, F, D の 4 点に用いて,
 OC×FD+CF×OD>OF×CD
$\iff |\vec{c}||\vec{a}|+|\vec{b}||\vec{a}+\vec{b}+\vec{c}|>|\vec{b}+\vec{c}||\vec{a}+\vec{b}|$ ……④
ここで, ②, ③, ④を辺々足すと①になるので, ☆は証明された. //
それにしても, なかなかカッコいい不等式ですね.

$*$　　　$*$　　　$*$

空間の 4 点についての距離の不等式としてはこの他に

┌────中線定理の空間拡張バージョン────┐
空間に異なる 4 点 A, B, C, D があるとき,
　　$AB^2+BC^2+CD^2+DA^2 \geq AC^2+BD^2$
（等号は, A, B, C, D が平行四辺形の 4 頂点になるときのみ成立）
└─────────────────────────────┘

が, もう 1 つの基礎をなす不等式になります.
（証明）
　右図で $\overrightarrow{AB}=\vec{a}$, $\overrightarrow{BC}=\vec{b}$, $\overrightarrow{CD}=\vec{c}$ とするとき,
$|\vec{a}|^2+|\vec{b}|^2+|\vec{c}|^2+|\vec{a}+\vec{b}+\vec{c}|^2$
$\geq |\vec{a}+\vec{b}|^2+|\vec{b}+\vec{c}|^2$
を示せばよい. これは展開すると,
$2(|\vec{a}|^2+|\vec{b}|^2+|\vec{c}|^2)+2(\vec{a}\cdot\vec{b}+\vec{b}\cdot\vec{c}+\vec{c}\cdot\vec{a})$
　　$\geq (|\vec{a}|^2+2\vec{a}\cdot\vec{b}+|\vec{b}|^2)+(|\vec{b}|^2+2\vec{b}\cdot\vec{c}+|\vec{c}|^2)$
$\iff |\vec{a}|^2+2\vec{c}\cdot\vec{a}+|\vec{c}|^2 \geq 0 \iff |\vec{a}+\vec{c}|^2 \geq 0$

となって成立（等号成立は $\vec{a}+\vec{c}=\vec{0}$ すなわち ABCD が平行四辺形のとき）.
　これも大切な不等式で, 例えば次のように使います.

┌─問題7─────────────────────────┐
　A, B, C, D は空間の 4 点で, それらを結んだ線分 6 つのうち, 長さが 1 より大きいものは高々 1 つであるものとする. このとき, これら 6 つの距離の総和の最大値を求めよ.
└─────────────────────────────┘

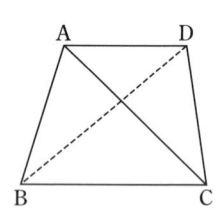

【解説】

上の定理で一般性を失うことなく AC>1 としてよい．いま，AB=a，BC=b，CD=c，DA=d，AC=e，BD=f とすると，
$$4 \geq a^2+b^2+c^2+d^2 \geq e^2+f^2$$
$$a+b+c+d \leq 4 \cdots\cdots ①$$

ここで，$e^2+f^2 \leq 4$ で $f \leq 1$ だから，右図で，$e+f=k$ と網目部分が共有点をもつような最大の k を考えることにより，
$$e+f \leq 1+\sqrt{3} \ \cdots\cdots\cdots\cdots\cdots\cdots\cdots\cdots\cdots\cdots\cdots\cdots ②.$$

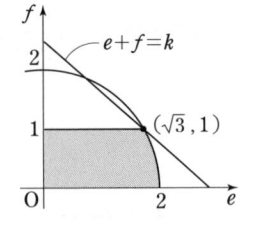

①，②あわせて，
$$a+b+c+d+e+f \leq \mathbf{5+\sqrt{3}}$$

$5+\sqrt{3}$ は，右図のとき（4点 A，B，C，D は同一平面上にあって，△ABD と △CBD は1辺の長さが1の正三角形のとき）に実現します．

§12 立体と不等式　123

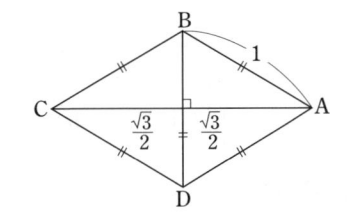

§13 解いて楽しい少し難しめの問題

　この章では，今まで取り上げてこなかった有名タイプの問題，また近年の大学入試問題の中から大数誌上で C，D（難しいランク）と判定された問題を紹介しましょう．

　近年では，大学入試の一般的傾向として「不等式の証明オンリー」という問題は少なく，融合問題，あるいは関数の最大・最小の見当を（相加・相乗平均の不等式などを用いて）つける，という不等式の利用法が多いのですが，次に選んだ問題は，「証明そのもの」が中心です．

　中には，あまり本質的ではなくテクニカルにすぎるものもまざっているのですが… 以下問題は簡単に分類して示します．

問題編 （解説は p.126〜）

第 1 ステージ　ちょっとの思いつきで，解いて楽しい問題．なお，n 数の相加・相乗平均の利用も可とします．

1. $P = \dfrac{1}{2} \times \dfrac{3}{4} \times \dfrac{5}{6} \times \cdots \times \dfrac{99}{100}$ とする．このとき，$\dfrac{1}{15} < P < \dfrac{1}{10}$ を示せ．

2. n が 2 以上の自然数のとき，$\dfrac{5}{6} < \dfrac{1}{n+1} + \dfrac{1}{n+2} + \cdots + \dfrac{1}{3n} < \dfrac{3}{2}$ を示せ．

3. n が 2 以上の自然数のとき，次の不等式が成り立つことを示せ．
$$\frac{1}{n}\sum_{k=1}^{n}\frac{k+1}{k} \geq (n+1)^{\frac{1}{n}}$$
（14　東北大・改）

4. $x_1 + x_2 + \cdots + x_n = 1$, $y_1^2 + y_2^2 + \cdots + y_n^2 = 1$, $x_i > 0$, $y_i > 0$ ($i = 1, 2, \cdots, n$) のとき，次の不等式を示せ．
$$x_1(y_1 + x_2) + x_2(y_2 + x_3) + \cdots + x_n(y_n + x_1) < 1$$
（JMO 本選）

5. 正の数 a, b, c が $abc^2 = 1$ をみたすとき，$2a + b + c$ の最小値を求めよ．

6. a, b を正の数とするとき，$\dfrac{a^2 b}{a^3 + b^3}$ の最大値を求めよ．

7. $x_1+x_2+\cdots+x_n=1$, $x_i>0$ $(i=1, 2, \cdots, n)$ のとき次の不等式を示せ.
$$\frac{x_1^2}{x_1+x_2}+\frac{x_2^2}{x_2+x_3}+\cdots+\frac{x_{n-1}^2}{x_{n-1}+x_n}+\frac{x_n^2}{x_n+x_1}\geqq\frac{1}{2}$$

第2ステージ 有名不等式の利用(大学入試より)[問題 8, 9 はアクロバティック]

8. (1) s と t は実数で, $s>0$ と $st\geqq 4$ を満たすとする. このとき, $s+t\geqq 4$ が成り立つことを示せ.
(2) x と y は実数で, $x>0$ と $x^8(y-x^2)\geqq 4$ を満たすとする. このとき, $x(x+y)\geqq 4$ が成り立つことを示せ. (09 大阪教大)

9. (1) 実数 a, b が $a\geqq 0$, $b\geqq 0$ を満たすとき, $a+b\geqq 2\sqrt{ab}$ が成り立つことを示せ.
(2) 実数 x, y が $x>y>0$ と $x^6y^2-x^5y^3+x^5y^5-x^4y^6\geqq 4$ を満たすとき, $x^3+y^2\geqq 3$ が成り立つことを示せ. (12 大阪教大)

10. k を正の定数とする. 不等式 $\sqrt{x}+2\sqrt{y}<k\sqrt{3x+4y}$ が任意の正の実数 x, y について成り立つような k の値の範囲を求めよ.
(10 芝浦工大・改)

11. n は正の整数とする.
(1) $x>y>0$ とするとき, 次の不等式を示せ.
$$x^{n+1}-y^{n+1}>(n+1)(x-y)y^n$$
(2) $\left(1+\dfrac{1}{n}\right)^{n+1}$ と $\left(1+\dfrac{1}{n+1}\right)^{n+2}$ の大小を比較せよ.
(10 早大・教育)

12. 正の実数 x と y に対して, 2つの関数 $f(x, y)$ と $g(x, y)$ を次のように定義する. ただし w は $0<w<1$ を満たす定数である.
$$f(x, y)=wx+(1-w)y, \quad g(x, y)=\frac{xy}{wy+(1-w)x}$$
(1) a, b を相異なる正の実数とするとき, $f(a, b)>g(a, b)$ を示せ.
(2) $0<a_1<b_1$ とする. $a_2=g(a_1, b_1)$, $b_2=f(a_1, b_1)$ とするとき, 4つの数 a_1, b_1, a_2, b_2 を小さい順に並べよ (11 兵庫県大・改)

13. a, b, c を正の実数とする．

（1） $t>0$ に対して，不等式 $bt^{b+c}+c \geqq (b+c)t^b$ が成り立つことを示せ．

（2） $x>0$, $y>0$ に対して不等式
$ax^{a+b+c}+by^{a+b+c}+c \geqq (a+b+c)x^a y^b$ が成り立つことを示せ．

(13 北大)

14. 以下，a, b, c, α_1, α_2, α_3, β_1, β_2, β_3, γ_1, γ_2, γ_3 はすべて正の実数とする．また，
$\sum_{n=1}^{3} \alpha_n = \sum_{n=1}^{3} \beta_n = \sum_{n=1}^{3} \gamma_n = 1$, $\alpha_n + \beta_n + \gamma_n = 1$ （$n=1, 2, 3$）とする．
$$\begin{cases} x = \alpha_1 a + \beta_1 b + \gamma_1 c \\ y = \alpha_2 a + \beta_2 b + \gamma_2 c \\ z = \alpha_3 a + \beta_3 b + \gamma_3 c \end{cases}$$
とするとき，$xyz \geqq abc$ であることを証明せよ． (14 日本医大・改)

解説編 （問題は p.124〜）

1. P と対になる，次のような Q を自分でこしらえるのがミソです．

$Q = \dfrac{2}{3} \times \dfrac{4}{5} \times \dfrac{6}{7} \times \cdots \times \dfrac{98}{99} \times \dfrac{100}{101}$ とすると，

$P = \dfrac{1}{2} \times \dfrac{3}{4} \times \dfrac{5}{6} \times \cdots \times \dfrac{97}{98} \times \dfrac{99}{100}$

と，かけられている要素の数は同じで，$\dfrac{1}{2} < \dfrac{2}{3}$, $\dfrac{3}{4} < \dfrac{4}{5}$, … などから，

$P < Q$, $PQ = \dfrac{1}{\cancel{2}} \times \dfrac{\cancel{2}}{\cancel{3}} \times \dfrac{\cancel{3}}{\cancel{4}} \times \dfrac{\cancel{4}}{\cancel{5}} \times \cdots \times \dfrac{\cancel{99}}{\cancel{100}} \times \dfrac{\cancel{100}}{101} = \dfrac{1}{101}$

∴ $P^2 < PQ = \dfrac{1}{101} < \dfrac{1}{100}$, よって，$P < \dfrac{1}{10}$

次に，$R = \dfrac{1}{2} \times \dfrac{2}{3} \times \dfrac{4}{5} \times \cdots \times \dfrac{98}{99}$ とすると，$\dfrac{1}{2} = \dfrac{1}{2}$, $\dfrac{3}{4} > \dfrac{2}{3}$, …，

$\dfrac{99}{100} > \dfrac{98}{99}$ から $P > R$ で，$PR = \dfrac{1}{200}$　∴ $P^2 > PR = \dfrac{1}{200} > \dfrac{1}{225}$

∴ $P > \dfrac{1}{15}$

＊　　　＊　　　＊

$\dfrac{1}{2}$ と $\dfrac{3}{4}$ のあいだの $\dfrac{2}{3}$ などをうまく使うと分数の分母と分子が約分されてきれいな形ができますね．

2. $\dfrac{1}{n+1}$ や $\dfrac{1}{n+2}$，さらに $\dfrac{1}{n+(n-1)}$ などは当然 $\dfrac{1}{2n}$ より大きいのですが，この簡単そうな事実をうまく使うのは意外に難しいかもしれません．

$\dfrac{1}{2n} \leqq \dfrac{1}{n+i} < \dfrac{1}{n}$ （$1 \leqq i \leqq n$）を $i=1, 2, \cdots, n$ について加えて
（上式の等号は $i=n$ のときのみ）

$$\dfrac{1}{2} = \sum_{i=1}^{n} \dfrac{1}{2n} < \sum_{i=1}^{n} \dfrac{1}{n+i} < \sum_{i=1}^{n} \dfrac{1}{n} = 1$$

$\dfrac{1}{3n} \leqq \dfrac{1}{2n+i} < \dfrac{1}{2n}$ （$1 \leqq i \leqq n$）を $i=1, 2, \cdots, n$ について加えて
（上式の等号は $i=n$ のときのみ）

$$\dfrac{1}{3} = \sum_{i=1}^{n} \dfrac{1}{3n} < \sum_{i=1}^{n} \dfrac{1}{2n+i} < \sum_{i=1}^{n} \dfrac{1}{2n} = \dfrac{1}{2}$$

を辺々加えて，証明すべき式を得ます．

Σ 記号に慣れていない人は，

$$\dfrac{1}{2} = \underbrace{\dfrac{1}{2n} + \dfrac{1}{2n} + \cdots + \dfrac{1}{2n}}_{n \text{項}} < \dfrac{1}{n+1} + \dfrac{1}{n+2} + \cdots + \dfrac{1}{2n}$$

などとして，書き並べてみると，わかりやすいでしょう．

3. 原題には大がかりな誘導がついていたのですが，相加・相乗平均の不等式を前提にすれば"一発"です．

相加・相乗平均の不等式より，

$$\dfrac{\dfrac{2}{1} + \dfrac{3}{2} + \dfrac{4}{3} + \cdots + \dfrac{n+1}{n}}{n} \geqq \left(\dfrac{2}{1} \times \dfrac{3}{2} \times \dfrac{4}{3} \times \cdots \times \dfrac{n+1}{n}\right)^{\frac{1}{n}} = (n+1)^{\frac{1}{n}}$$

で終わります．尤(もっと)も原題の log を含む不等式による誘導の意味は（この不等式を使って，n 数の相加・相乗平均の不等式が証明できるので），「相加・相乗平均の n 数バージョンはそのまま使うことを認めない」という意味なのでしょうが…

§13 解いて楽しい少し難しめの問題

4.　不等式の証明は，左右両辺の"次数"をそろえるのが基本ですが（☞§8），証明すべき不等式は，左辺が2次，右辺が0次（！）です．そこで右辺の1に，条件式を"代入"して2次にしようと考えます．

$$* \qquad * \qquad *$$

　与式を2倍してから右辺の2に $(x_1+x_2+\cdots+x_n)^2+(y_1^2+y_2^2+\cdots+y_n^2)$ を代入した式を証明すればよい．すなわち（左右両辺を逆にして）

$$(x_1+x_2+\cdots+x_n)^2+(y_1^2+y_2^2+\cdots+y_n^2)$$
$$> 2x_1(y_1+x_2)+2x_2(y_2+x_3)+\cdots\cdots+2x_n(y_n+x_1) \cdots\cdots\cdots ☆$$

を示せばよいが，☆式の 左辺－右辺 は，
$(x_1-y_1)^2+(x_2-y_2)^2+\cdots\cdots+(x_n-y_n)^2+$「正の項（$2x_ix_j$ タイプ）いくつか」
となるので正．

　よって示された．

5.　相加・相乗平均の不等式の少しテクニカルな使い方ですが，解答の手筋（2乗を作るには2つに分ける，3乗なら3つに分ける）を知っていると，次の問とあわせて関数（分数関数など）の最大・最小問題の見当をつけることができることもあり，便利です．

$$* \qquad * \qquad *$$

$$2a+b+c=2a+b+\frac{c}{2}+\frac{c}{2} \geq 4\left(2a\cdot b\cdot \frac{c}{2}\cdot \frac{c}{2}\right)^{\frac{1}{4}}=4\cdot\left(\frac{1}{2}\right)^{\frac{1}{4}}=2^{\frac{7}{4}}$$

　（4数の相加・相乗平均の不等式を用いた）

等号は $2a=b=\dfrac{c}{2}$ （$a=2^{-\frac{5}{4}}$, $b=2^{-\frac{1}{4}}$, $c=2^{\frac{3}{4}}$）のとき成立．

よって，最小値は $2^{\frac{7}{4}}$

6.　分母と分子の次数が同じときは，次の手が有効です．

$$* \qquad * \qquad *$$

　与式を I とおいて，分母，分子を a^2b（>0）で割ると，

$$I=\frac{1}{\dfrac{a}{b}+\left(\dfrac{b}{a}\right)^2}=\frac{1}{x+\left(\dfrac{1}{x}\right)^2} \quad \left(x=\frac{a}{b}>0 \text{ とおいた}\right)$$

ここで分母に相加・相乗平均の不等式を用いると，

$$\frac{x}{2}+\frac{x}{2}+\left(\frac{1}{x}\right)^2 \geq 3\left\{\frac{x}{2}\cdot\frac{x}{2}\cdot\left(\frac{1}{x}\right)^2\right\}^{\frac{1}{3}}=3\cdot 2^{-\frac{2}{3}}$$

よって，$I \leq \frac{1}{3}\cdot 2^{\frac{2}{3}}$　（等号は $\frac{x}{2}=\frac{1}{x^2}$　つまり，$x=2^{\frac{1}{3}}$ のとき成立）

答えは，$\frac{1}{3}\cdot 2^{\frac{2}{3}}$

7．与式の左辺を見ると，どうもバランスが悪い印象です．そこで，バランスをとって，"対になる式"を作ってみます．

*　　　　　　　*　　　　　　　*

与式の左辺を I とおき，これに対して，

$$J=\frac{x_2^2}{x_1+x_2}+\frac{x_3^2}{x_2+x_3}+\cdots\cdots+\frac{x_n^2}{x_{n-1}+x_n}+\frac{x_1^2}{x_n+x_1}$$ とおく．

$$I-J=\frac{x_1^2-x_2^2}{x_1+x_2}+\frac{x_2^2-x_3^2}{x_2+x_3}+\cdots\cdots+\frac{x_{n-1}^2-x_n^2}{x_{n-1}+x_n}+\frac{x_n^2-x_1^2}{x_n+x_1}$$
$$=(x_1-x_2)+(x_2-x_3)+\cdots\cdots+(x_{n-1}-x_n)+(x_n-x_1)=0$$

より，$I=J$ である．一方，

$$I+J=\frac{x_1^2+x_2^2}{x_1+x_2}+\frac{x_2^2+x_3^2}{x_2+x_3}+\cdots\cdots+\frac{x_n^2+x_1^2}{x_n+x_1}$$ となるが，

一般に $2(x_1^2+x_2^2)\geq(x_1+x_2)^2$ より，$\frac{x_1^2+x_2^2}{x_1+x_2}\geq\frac{x_1+x_2}{2}$ などとなるので，

$$I+J\geq\frac{x_1+x_2}{2}+\frac{x_2+x_3}{2}+\cdots+\frac{x_n+x_1}{2}=x_1+x_2+\cdots+x_n=1$$

よって，$2I\geq 1$ より $I\geq\frac{1}{2}$

8．（2）では（1）を使うことになりますが，ちょっとアクロバティックです．
（1）　相加・相乗平均の不等式を用いて，
　　　　$s+t\geq 2\sqrt{st}\geq 2\sqrt{4}=4$　（$s>0$ と $st\geq 4$ から $t>0$ はいえる）
（2）　（　）内の $y-x^2$ 部分に「マイナス」があります．このマイナスを消したいわけです．

与式左辺を $x^5(x^3y-x^5)$ と変形し，（1）で $s=x^5$，$t=x^3y-x^5$ とすれば，
$x^5+(x^3y-x^5)\geq 4$，つまり，$x^3y\geq 4$

今度は，$x^3y=x^2\times xy$ と考えて，（1）で $s=x^2$，$t=xy$ とすれば，
　　　　$x^2+xy(=x(x+y))\geq 4$

§13　解いて楽しい少し難しめの問題　　129

*　　　　*　　　　*

さらに，$x(x+y) \geq 4$ なので，$2x+y \geq 4$ となりますね。

9. 大阪教大はこのタイプが好きなのでしょうか？　再びアクロバットです．
（1）　左辺－右辺＝$a - 2\sqrt{ab} + b = (\sqrt{a} - \sqrt{b})^2 \geq 0$ より成立．
（2）　与式左辺を眺めると，はじめ 2 項が 8 次，後 2 項が 10 次です．これを因数分解してみると再び「マイナスを消す」問題となります．

$$4 \leq 与式左辺 = x^5 y^2(x-y) + x^4 y^5(x-y) = x^4 y^2(x-y)(x+y^3)$$
$$= x^4(xy^2 - y^3)(x+y^3) \quad \cdots\cdots\cdots ①$$

ここで，$xy^2 - y^3 (>0)$ と $x + y^3$ に相加・相乗平均の不等式（(1)）を用いて，$2\sqrt{(xy^2 - y^3)(x+y^3)} \leq (xy^2 - y^3) + (x+y^3) = x(1+y^2)$ より，両辺を 2 乗して，$4(xy^2 - y^3)(x+y^3) \leq x^2(1+y^2)^2$

これを①の両辺を 4 倍した式に代入すると，
$$16 \leq 4x^4(xy^2 - y^3)(x+y^3) \leq x^6(1+y^2)^2 = \{x^3(1+y^2)\}^2$$
$$\therefore \quad x^3(1+y^2) \geq 4$$

再び(1)を用いて，
$$x^3 + 1 + y^2 \geq 2\sqrt{x^3(1+y^2)} = 4 \text{ より } x^3 + y^2 \geq 3$$

10.　p.56 の東大の問題にもあったように，これはコーシー・シュワルツの不等式を使う典型的なタイプです．

不等式の両辺は正なので，両辺を 2 乗しても同値であり，また，x, y は任意の正の値をとるので，$x = a^2$, $y = b^2$ ($a > 0$, $b > 0$) とおいてよく，与式は，これを用いて，

$$(a+2b)^2 < k^2(3a^2 + 4b^2) \quad \cdots\cdots ① \quad [が任意の正の実数 a, b について成立]$$

と変形されます．
ここまでくれば，「コーシー・シュワルツ」を連想するのは無理がありません．

$$\left\{\left(\frac{1}{\sqrt{3}}\right)^2 + 1^2\right\}\{(\sqrt{3}\,a)^2 + (2b)^2\} \geq (a+2b)^2$$
$$\iff \left(\frac{2}{\sqrt{3}}\right)^2(3a^2 + 4b^2) \geq (a+2b)^2$$

（等号は $\sqrt{3}\,a : 2b = 1 : \sqrt{3}$　即ち，$3a = 2b$ のとき成立）

なので，$k>\dfrac{2}{\sqrt{3}}$ は O.K. です．

逆に $k\leqq\dfrac{2}{\sqrt{3}}$ のとき，$k^2=\dfrac{4}{3}-t$ ($t\geqq 0$) とおけば，

①は，$(a+2b)^2<\dfrac{4}{3}(3a^2+4b^2)-t(3a^2+4b^2)$

となり，これが，$3a=2b$ (たとえば $a=2$，$b=3$) のとき成り立たないことは明らかです．以上より，答えは，$\boldsymbol{k>\dfrac{2}{\sqrt{3}}}$

11．（1）の不等式に既視感があります．そう，§2，p.21 の☆式と同じ（右辺に y^{n+1} を移項し，$n+1\Rightarrow n$ とすれば同じ）ですね．
（**1**） 上記の理由で省略（p.22 を見てください）．
（**2**） （1）を利用するのに，$x\Rightarrow 1+\dfrac{1}{n}$，$y\Rightarrow 1+\dfrac{1}{n+1}$ くらいしか思いつきそうにありません．代入してみればあとは一本道で，

$$\left(1+\dfrac{1}{n}\right)^{n+1}-\left(1+\dfrac{1}{n+1}\right)^{n+1}>(n+1)\left(\dfrac{1}{n}-\dfrac{1}{n+1}\right)\left(1+\dfrac{1}{n+1}\right)^n$$
$$=\dfrac{1}{n}\left(1+\dfrac{1}{n+1}\right)^n$$

∴ $\left(1+\dfrac{1}{n}\right)^{n+1}-\left(1+\dfrac{1}{n+1}\right)^{n+2}$
$>\left(1+\dfrac{1}{n+1}\right)^{n+1}+\dfrac{1}{n}\left(1+\dfrac{1}{n+1}\right)^n-\left(1+\dfrac{1}{n+1}\right)^{n+2}$
$=\left(1+\dfrac{1}{n+1}\right)^n\left\{1+\dfrac{1}{n+1}+\dfrac{1}{n}-\left(1+\dfrac{1}{n+1}\right)^2\right\}$

そこで，～～部の正負を判定することになりますが，式変形（計算）すると，

～～部 $=\dfrac{1}{n(n+1)^2}>0$ となるので，$\left(1+\dfrac{1}{n}\right)^{n+1}>\left(1+\dfrac{1}{n+1}\right)^{n+2}$

12．p.52 で取り上げた調和平均の拡張形です．ためしに $w=\dfrac{1}{2}$ とすると，

$f(x,y)=\dfrac{x+y}{2}$，$g(x,y)=\dfrac{2}{\dfrac{1}{x}+\dfrac{1}{y}}$ となって f は相加平均，g は調和平均

です．まずは普通に解いてみます．

§13 解いて楽しい少し難しめの問題　131

（1） $\{wa+(1-w)b\}\{wb+(1-w)a\}-ab>0$ を示せばよい．
この式の左辺を計算すると，
$$\{w^2+(1-w)^2\}ab-ab+w(1-w)(a^2+b^2)$$
$$=-2w(1-w)ab+w(1-w)(a^2+b^2)=(a-b)^2w(1-w)>0$$

（2） $f(a_1, b_1)$ は数直線上で，a_1, b_1 を $1-w:w$ に内分する点の座標なので，$b_2=f(a_1, b_1)<b_1$ は明らかですが，一応式で確認すると，
$$b_2=f(a_1, b_1)=wa_1+(1-w)b_1=b_1-(b_1-a_1)w<b_1$$

$a_2=g(a_1, b_1)$ もおそらく区間 (a_1, b_1) にあるのだろうと見当をつけます．
すると，$a_2>a_1$ を示すには，$a_2=g(a_1, b_1)=\dfrac{a_1b_1}{wb_1+(1-w)a_1}>a_1$ ……①
を示せばよいのですが，$a_1>0$ ですから，
① $\iff b_1>wb_1+(1-w)a_1 \iff (1-w)(b_1-a_1)>0$ となり①は成立．
以上より，$\boldsymbol{a_1<a_2<b_2<b_1}$ となります．
(a_3, b_3 以降を同様に定義していけば，$a_1<a_2<a_3<……<b_3<b_2<b_1$)

        *   *   *

⇨**注** （1）で，w は自然数ではないので，反則ですが，
「a が $\overset{\cdot\cdot\cdot}{w}$（個），$b$ が $\overset{\cdot\cdot\cdot}{(1-w)}$ 個の相加・相乗平均のようなもの」
を考えると，
$$\dfrac{wa+(1-w)b}{w+(1-w)}\geqq (a^wb^{1-w})^{\frac{1}{w+(1-w)}}$$
すなわち，$wa+(1-w)b\geqq a^wb^{1-w}$ が成り立つのではないかと思えます．
この式の両辺を b で割ると，$w\left(\dfrac{a}{b}\right)+(1-w)\geqq \left(\dfrac{a}{b}\right)^w$
となるので，$\dfrac{a}{b}=x$（>0）とおけば，$wx+(1-w)\geqq x^w$ ……② となります．微分法により②を示せば（これは楽なので各自試みてください）
$$wa+(1-w)b\geqq a^wb^{1-w}\ \cdots\cdots\cdots\cdots\cdots\cdots\cdots\cdots ③$$
がいえたことになりますが，これが拡張形の「相加平均≧相乗平均」です．
③で，$a\Rightarrow\dfrac{1}{a}$, $b\Rightarrow\dfrac{1}{b}$ とすると，$\dfrac{w}{a}+\dfrac{1-w}{b}\geqq \dfrac{1}{a^wb^{1-w}}$
逆数をとると不等号の向きが入れかわって，$\dfrac{1}{\dfrac{w}{a}+\dfrac{1-w}{b}}\leqq a^wb^{1-w}$
よって，③とあわせて $wa+(1-w)b\geqq a^wb^{1-w}\geqq \dfrac{ab}{wb+(1-w)a}$ となり，これが拡張形の，「相加≧相乗≧調和」になっているわけです．

13. いろいろと遊べそうな問題ですが、「イエンゼン」が本質的でしょう.

(1) $f(x)=t^x$ とおくと，$f'(x)=(\log t)t^x$，$f''(x)=(\log t)^2 t^x>0$
なので，$f(x)$ は下に凸な関数である．

よって，p.34 のイエンゼンの不等式を適用すると，右図で，
「C の y 座標」$\geqq f(b)=t^b$

C は，右図 AB を $b:c$ に分ける点だから y 座標は，
$$\frac{1\cdot c+f(b+c)\cdot b}{b+c}=\frac{c+b\cdot t^{b+c}}{b+c}$$
$$\therefore \frac{b\cdot t^{b+c}+c}{b+c}\geqq t^b$$

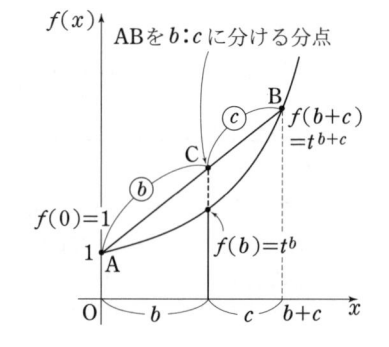

よって，$b\cdot t^{b+c}+c\geqq (b+c)t^b$

⇨**注** 本質を浮きたたすため，あえて上のように解説しましたが，解法としては，$(b+c)x^b-bx^{b+c}-c$ という x の関数を微分して極値を調べるのが受験生の試験場での解法としては着実でしょう．

(2) これは本質的には(1)同様，バージョンアップ（2変数関数）したイエンゼンの定理ですが，多変数の微積は（したがって凸性なども）どう考えても範囲外です．そこで，変数を1つずつ固定して，微分法により解きましょう．

$$f(x)=ax^{a+b+c}+by^{a+b+c}+c-(a+b+c)x^ay^b$$
とおいて，これを x の関数とみます（y は固定し定数とみなします）．
$$f'(x)=a(a+b+c)(x^{a+b+c-1}-x^{a-1}y^b)=a(a+b+c)x^{a-1}(x^{b+c}-y^b)$$
ですから，$f'(x)=0$ となる x は，$x=y^{\frac{b}{b+c}}$
のみで，増減表が右のようになることから，

x	(0)		$y^{\frac{b}{b+c}}$	
$f'(x)$		−	0	+
$f(x)$		↘		↗

$f(x)$ の最小値は，y を用いて，
$$g(y)=f(y^{\frac{b}{b+c}})$$
$$=a\cdot y^{\frac{b}{b+c}(a+b+c)}+by^{a+b+c}+c-(a+b+c)y^{\frac{ab}{b+c}}y^b$$
$$=a\cdot y^{\frac{b}{b+c}(a+b+c)}+by^{a+b+c}-(a+b+c)y^{\frac{b}{b+c}(a+b+c)}+c$$
$$=b\cdot y^{a+b+c}-(b+c)y^{\frac{b}{b+c}(a+b+c)}+c$$
となります．

ここで y を変化させる（$g(y)$ を y の関数とみなす）と，

$$g'(y) = b(a+b+c)y^{a+b+c-1} - b(a+b+c)y^{\frac{ab}{b+c}+b-1}$$
$$= b(a+b+c)y^{b-1}(y^{a+c} - y^{\frac{ab}{b+c}}) = b(a+b+c)y^{b-1}y^{\frac{ab}{b+c}}(y^{\frac{c^2+bc+ac}{b+c}} - 1)$$

です．$\frac{c^2+bc+ac}{b+c} > 0$ なので，$g(y)$ は（$y>0$ で），$y=1$ において極小値をとりしかもこれが最小値です．このとき，最小値は

$g(1) = (a+b+c) - (a+b+c) = 0$ なので，$g(y) \geq 0$

よって，$f(x) \geq 0$ となり，題意は示されました．

▷ 注 実は(2)の不等式は相加・相乗の拡張バージョンです．a, b, c を自然数として，a 個の x^{a+b+c}，b 個の y^{a+b+c}，c 個の z^{a+b+c} に相加・相乗平均の不等式を適用すると，

$$\frac{ax^{a+b+c} + by^{a+b+c} + cz^{a+b+c}}{a+b+c} \geq \left\{x^{(a+b+c)a}y^{(a+b+c)b}z^{(a+b+c)c}\right\}^{\frac{1}{a+b+c}}$$
$$= x^a y^b z^c$$

より，$ax^{a+b+c} + by^{a+b+c} + cz^{a+b+c} \geq (a+b+c)x^a y^b z^c$ となり，これに $z=1$ を代入すると(2)の不等式と同じ形になります．しかし，a, b, c が自然数でない場合には，微分法などを利用するほかなくなります．

14. $x+y+z = a+b+c$ と $\alpha_i, \beta_i, \gamma_i$（$i=1, 2, 3$）のおき方から，$x, y, z$ が a, b, c のうち最小の値と最大の値の間のどこかにあることは見当がつくでしょう．

すると，これは「たて＋横＋高さが一定の直方体の体積は，この直方体が立方体に近いほど大きい」という p.29 の千葉大の問題の類題と見ることもできます．まあ，「立方体に近い」というのは厳密な表現ではないのですが．

＊　　　＊　　　＊

$a \leq b \leq c$ として一般性を失わない．すると，

$$a = (\alpha_1 + \beta_1 + \gamma_1)a = \alpha_1 a + \beta_1 a + \gamma_1 a \leq \alpha_1 a + \beta_1 b + \gamma_1 c = x$$
$$c = (\alpha_1 + \beta_1 + \gamma_1)c = \alpha_1 c + \beta_1 c + \gamma_1 c \geq \alpha_1 a + \beta_1 b + \gamma_1 c = x$$

より，$a \leq x \leq c$，同様にして，$a \leq x, y, z \leq c$ ……………………①

さて，$x+y+z = (\alpha_1 + \alpha_2 + \alpha_3)a + (\beta_1 + \beta_2 + \beta_3)b + (\gamma_1 + \gamma_2 + \gamma_3)c$
$= a+b+c$

だから，$b = x+y+z-(a+c)$

ここで,
$$f(x, y, z) = xyz - abc = xyz - ac\{(x+y+z)-(a+c)\} \quad \cdots\cdots\cdots ②$$
を考えます. x, y, z にはたすと $a+b+c$ になるというゆるい制約はありますが，条件をゆるくとって，単に $a \leq x, y, z \leq c$ という①の条件で考えて，$f(x, y, z) \geq 0$ を示しましょう.（x, y, z は独立と考える）

②は x, y, z のそれぞれについて1次式ですから，1次関数は端点で最大，最小値をとることを考えれば，$f(x, y, z)$ の最大，最小の候補は，
$x = a$ or c, $y = a$ or c, $z = a$ or c のときで，この8通りについて，$f(x, y, z) \geq 0$ がいえれば問題は解決します．ここで $f(x, y, z)$ は

1° x, y, z がすべて a のとき, $a(a-c)^2 \geq 0$
2° x, y, z のうち2つが a, 1つが c のとき 0
3° x, y, z のうち1つが a, 2つが c のとき 0
4° x, y, z がすべて c のとき, $c(c-a)^2 \geq 0$

となり，いずれも0以上なので題意は示された．

＊　　　　＊　　　　＊

原題には，$\log x - \log k \leq \dfrac{1}{k}(x-k)$ を示させ（平均値の定理を用いて簡単），次にこの式を $1 + \log x - \dfrac{x}{k} \leq \log k$ と変形し，$\alpha + \beta + \gamma = 1$ の条件下で $k = \alpha a + \beta b + \gamma c$, $x = a, b, c$ とおいた3式をそれぞれ α, β, γ 倍してから辺々足して，
$$\alpha \log a + \beta \log b + \gamma \log c \leq \log(\alpha a + \beta b + \gamma c)$$
を示させる．さらに，これを $\log a^\alpha b^\beta c^\gamma \leq \log(\alpha a + \beta b + \gamma c)$ として
$a^\alpha b^\beta c^\gamma \leq \alpha a + \beta b + \gamma c$ としてから，
$$a^{\alpha_1} b^{\beta_1} c^{\gamma_1} \leq \alpha_1 a + \beta_1 b + \gamma_1 c$$
などの3式を辺々かけて，$abc \leq xyz$ を示させるという趣旨の誘導がついていました．こちらもおもしろいですね．

あとがき

「数学の解答は天下り式に書け」と言われます．解法を発見したきっかけやアイデア，苦労した跡などは隠して，前提から証明にいたる論理だけをしっかりと書いていけ，ということです．確かに答案に「なぜそう思いついたのか」を長々と書かれてはたまらないでしょう．

しかし，数学の参考書はまさにその意味でジレンマを抱えているといえそうです．解答に「証明の論理」だけが書かれていたのでは，なぜそのような証明を思いついたのかがよくわかりません．むしろ，発想にいたる苦労の跡，すらすら解ける人間の持っているイメージや，なぜそのようなアイデアを思いついたのかを知りたいと思うのが人情ではないでしょうか．

実はこうした「思いつくまでの筋道」「背後にあるイメージ」が丁寧に書かれた参考書は，あまり多くありません．分量が長大になりがちですし，書くにも一工夫必要なので，面倒くさいのです．したがって，私はそのようなものを書きたいときには，月刊誌「大学への数学」で書かせてもらっていました（雑誌は一冊丸ごと全部解くなどという読者はまれですので，そうした試みがしやすいのです）．

今回 1 年分の連載に問題を付け加えて，単行本にするお話をいただいたときには，こうした理由もあって驚くと同時に率直にうれしく思いました．「不等式」は数学全体から見ればほんの一分野に過ぎませんが，アイデアの素やイメージ，コツといった要素がお話し方式の解説で書かれている本書が，読者の思考力向上のお役にたてば幸いです．

本書を出してくださった東京出版の編集部，特に実際の編集を担当してくださった飯島様，坪田様にこの場を借りて感謝申し上げます．

思考力を鍛える不等式

平成 26 年 6 月 30 日　第 1 版第 1 刷発行
令和 3 年 4 月 20 日　第 1 版第 3 刷発行

定価はカバーに表示してあります．

著　者　栗田哲也
発行者　黒木美左雄
発行所　株式会社　東京出版
　　　　〒150-0012　東京都渋谷区広尾 3-12-7
　　　　電話 03-3407-3387　振替 00160-7-5286
　　　　https://www.tokyo-s.jp/
整版所　錦美堂整版株式会社
印刷所　株式会社光陽メディア
製本所　株式会社技秀堂

　　　落丁・乱丁本がございましたら，送料小社負担にてお取替えいたします．

ⒸTetsuya Kurita 2014 Printed in Japan　　　　　　ISBN978-4-88742-209-4